坏情绪管理法

“推开心理咨询室的门”编写组◎编著

中国纺织出版社有限公司

内 容 提 要

人是情绪化的动物，会有喜怒哀乐，且情绪也有好坏之分。只有善于控制自己的情绪，赶走自己的坏情绪，才能找到自信的源泉，走向成功的彼岸；才能找到开启快乐的钥匙，拥有幸福快乐的人生。

本书是一本帮助读者改变坏情绪、赶走负能量、提升幸福感的心理自助读本。它将带领读者了解情绪的真实面目，帮助读者摆脱负面情绪的干扰，减少对人生的担忧，让好运伴随好心情常驻心间。

图书在版编目（CIP）数据

坏情绪管理法 / “推开心理咨询室的门”编写组编著.--北京：中国纺织出版社有限公司，2024.5

ISBN 978-7-5229-1598-2

Ⅰ.①坏… Ⅱ.①推… Ⅲ.①情绪—自我控制—通俗读物 Ⅳ.①B842.6-49

中国国家版本馆CIP数据核字（2024）第066980号

责任编辑：柳华君　　责任校对：高　涵　　责任印制：储志伟

中国纺织出版社有限公司出版发行
地址：北京市朝阳区百子湾东里A407号楼　邮政编码：100124
销售电话：010—67004422　传真：010—87155801
http://www.c-textilep.com
中国纺织出版社天猫旗舰店
官方微博 http://weibo.com/2119887771
天津千鹤文化传播有限公司印刷　各地新华书店经销
2024年5月第1版第1次印刷
开本：880×1230　1/32　印张：7
字数：116千字　定价：49.80元

前言

生活中，想必我们都有这样的体会：当心情愉悦时，我们的精神劲儿十足，就连平时不愿做的烦琐的家务事也都愿意主动去做，看什么人都觉得顺眼；而当心情不好时，我们便会食不知味，甚至夜不能寐。这就是情绪的影响力。

我们每天都会经历各种各样的事情，自然也会产生诸多不同的感受，或高兴，或欣喜，或悲伤，或愤怒，或偶尔觉得生活美满，或偶尔又觉得工作压力大，这就是情绪。它存在于每个人的心中，而且在不同时期、不同场合会有不同的感受。

对于情绪，不同的人会产生不同的反应：面对繁忙的工作和生活，一些人觉得筋疲力尽，甚至成为坏情绪的奴隶，他们会为此感叹："做人真难。"而另外一些人却感到充实，他们自信、快乐，能成为卓越的成功者。事实上，快乐与成功往往都属于那些善于控制自己的情绪的人。

一个善于控制情绪的人，或许不是最聪明、最漂亮或者最有才华的，但却是最能正确认知和管理自我的，也是懂得灵活变通和审时度势的，他总能在各种场合中游刃有余。

一个善于控制情绪的人，无论在什么情况下都能保持微笑。从他们的脸上，你很难看到失望和沮丧，他们对生活、对工作也总是充满着热情，在他们身上，积极乐观的天性被发挥得淋漓尽致。

一个善于控制情绪的人，有着强大的感染力。他们不仅在日常生活中轻松快乐，即使在竞争激烈的职场中，也同样能够做出出色的成绩。只要有他们在，我们就能感受到满满的正能量。

同样，他们能在爱情中时刻保持着清醒理智的头脑，不与爱人斤斤计较。即使爱情或婚姻并不那么顺利，他们也总能很好地处理其中的问题，使之得到圆满的解决。

无疑，这类人是优秀的，也许你会羡慕他们，但这种能力不是天生就有的，而是通过后天有意识地培养、修炼获得的，本书全方位地为我们提供了控制情绪的方法，希望能对那些希望告别坏情绪，培养自己好情绪的人们有所帮助。

编著者

2023年12月

目录

第3章

接纳坏情绪，并合理释放坏情绪

第4章

淡定面对，远离烦躁的情绪旋涡

第5章

呵护身心：小心压抑的坏情绪破坏你的健康

第6章

堵不如疏，及时将坏情绪从内心释放出去

第7章

情绪体察，及时扑灭坏情绪的火苗

第8章

陷入抱怨的泥沼，怎么会有好心情

第9章

与其嫉妒，不如努力向前

第10章

淡定面对，消除压力中的焦虑情绪

第 1 章

浇灭火焰，愤怒的情绪只会灼伤自己

很多时候，人们害怕愤怒的情绪会控制自己，所以会错误地认为，对付愤怒只能将愤怒扼杀。其实，人们应该了解，自己可以愤怒，但却不一定要表现出来。即使在愤怒的时候，自己也可以做出明智正确的选择。

发现愤怒的根源，斩草除根

俗话说："百气自生。"气是什么？它是一种情绪反映，一个人内心的"怨气"往往是自生的，并不需要我们自己决定是否该生气。有一位朋友常常诉说自己的困惑："昨天晚上又和他生气了，本来只是一件小事，但是，后来就演变成大的矛盾，直到睡觉前，我眼中还有泪。可是，今天早上一起床，我就感到很疑惑，怎么昨晚就吵起来了呢？我根本没有想过要生气啊，怎么就生气了呢？"在很多时候，愤怒情绪的发泄，已经让我们忘记了生气的真正导火索是什么，好像我们在生气时根本没有想过这个问题。直到冷静下来后，我们才意识到，当初为什么生气。所以，在任何时候，我们需要理解"百气自生"，学会清理自己生气的导火索，这样才会帮助我们抑制内心的怒火。

心理学家有这样一个秘诀，当一件对自己不利的事情来临时，可以思考一些问题，以此帮助找到生气的导火索，消灭心中的怒火。也就是说，在你生气之前，可以先问自己下面12个问题：

（1）我有改变的余地吗？

（2）我改变它所消耗的与能够换来的能够平衡吗？

（3）我放弃和容忍的损失具体是什么？

（4）如果损失的可以折算成金钱的利益，我会那么需要和依赖这些钱财吗？

（5）如果损失的是名声的树立，我会那么需要和依赖这些名声吗？这些增加的名声最终解决了我的什么问题？

（6）如果这件事可能导致名声的降低，有多少人关注这件事，自己不计较是否本就没人在意？

（7）即使事关气节，若干年后公论能回来吗？

（8）更多的时候，我们的情绪是否来自最亲近的人和最琐碎的事？

（9）除了跟最能接受自己的人发泄，我们还能做什么？

（10）除了这些最不值得关注的琐事，难道没有更有意义的事情值得我们去关注、去思考、去努力吗？

（11）长城还在，秦始皇在哪里？

（12）苏格拉底如果还活在世上，他大概也会笑话那些总是莫名其妙忧郁的人吧？

一个胸怀宏大志向的人，是不应该过于被琐事纠缠的，在这个世界上，本来就没有多少事情值得我们去计较。在生活中，绝大多数的事情都是“不过如此”，有什么值得生气的呢？从人的内心来讲，每个人都不太愿意忧郁、烦恼、生气，更不愿意愤怒。到底是什么事情在困扰着我们呢？如果我们内心真正地想清楚了，想放下心中的怨气，其实这并不难。当你找到了自己生气的导火索，你会发现，那真的不是什么大事，生气只不过是一种发泄，并不会帮助我们解决问题，我们需要做的是将生气的时间和精力，更好地运用到解决问题这件事情上。

情绪启示

为了更有效地找到自己生气的导火线，同时，帮助自己消灭心中的怒火，心理学家提出了“情绪温度计”的说法。在日常生活中，我们需要养成记录自己情绪的习惯，每天，我们需要分几个时段来记录，而且需要写下生气的理由，这样可以帮助自己察觉并检测到自己的情绪。如果说“生气”是自己生活中的常客，我们可以找出自己的“情绪温度计”，与心中的怒气来一场“心灵对话”，从而彻底消灭怒气。

1.气由心生

一位常常生气的人开始回忆自己生气的过程：“早上，他就上班去了，我一个人在家，时而想想他过去的事情，想想横亘在我们之间那些悬而未决的事情，越想越生气，忍不住就发一条生气的短信给他，他通常都是不回，保持沉默。可是，他越是沉默，我就越是生气。我那时就开始想象晚上和他争论的场景。只要他一回来，我的每一句话、每一个动作就包含着浓重的火药味。他常常告诉我，是我自己整天胡思乱想，自己生气，后来，我仔细回想了，似乎那些‘怨气’就是自然而然从我心中滋生的，等到我发觉的时候，我本身已经在生气了。”

想必这样一个生气的过程会给我们自己的情况带来一些参考吧，每个人生气的具体情况不一样，但是，那种“气由心生”的过程却是惊人的相似。如果你现在开始探寻自己生气的导火索，你就会惊讶地发现，那些所谓的怒火，其实纯粹都是“自燃”。

2.有效使用“情绪温度计”

如何使用“情绪温度计”呢？首先，我们把“情绪温度计”的刻度设定在0~10分，把每天分成7个时段，比如，早上起床太晚，路上又遇到堵车，还没有进入办公室就和某同事吵架，这一系列负面情绪只能获得很低的分数；在了解了自己一天中情绪的起伏变化后，开始通过情绪记录去寻找原因，写上一段话总结，为什么今天打了7分？原来，今天收到了朋友的鲜花，心情非常愉悦，以至于同事嘲讽了一句，自己也不生气。这样，情绪记录的时间长了，自然就培养出了敏锐的观察力，就算是心中很细微的情绪，我们也会察觉到的。这样一来，我们就能顺利找到生气的导火索，从而熄灭心中的怒火。

从旁观者的角度寻找愤怒的源头

有一位智者，他脾气温和，几乎不生气。弟子好奇地问他："师父，难道你永远都不会生气吗？"智者微微一笑："生气是什么呢？每当事情发生了以后，我都会告诫自己，事情本可以比现在更糟糕，看来，我还算幸运的，所以，有什么值得生气的呢？如果有人犯了错误，本身错误在于对方，我何必要生气呢？每天生活的快乐我都来不及感受，哪有什么时间来生气呢？"

有一天，七里禅师正在蒲团上打坐，突然，一个强盗闯出来，拿着一把明亮的刀子对着他的脊背，说："把柜里的钱全部拿出来！否则，就要你的老命！"七里禅师似乎并不害怕，只是缓缓说道："柜里没钱，钱在抽屉里，你自己拿去，但要留点，米已经吃光，不留点，明天我要挨饿呢！"那个强盗拿走了所有的钱，在临出门的时候，七里禅师说："收到人家的东西，应该说声'谢谢'啊！"强盗转过身，说："谢谢。"霎时间，他心里十分慌乱，几乎从来没有遇到过这样的事情，他愣了一下，才想起不该把全部的钱拿走，于是，他掏出一把钱放回抽屉。

没过多久，这个强盗被官府抓住，根据他所提供的供词，差役把他押到寺院去见七里禅师。差役问道："几天之前，这个强盗来这里抢过钱吗？"七里禅师没有生气，微微一笑，说道："他没有抢我的钱，是我给他的，临走时也说过'谢谢'了，就这样。"强盗被七里禅师感动了，只见他咬紧嘴唇，泪流满面，一声不响地跟着差役走了。

这个人在服刑期满之后，便立刻去叩见七里禅师，求禅师收他为弟子，七里禅师对他没有半点怒气，只是摇摇头，不回应。这个人长跪三日，七里禅师终于收留了他。

生活中，总是有这样或那样不如意的事情，可能会挑起我们心中的怒火。当心中怒火开始蔓延的时候，我们应该做的第一件事就是尽量让自己安静和放松下来，冷静地思考现在到底是什么样的情况，而不是顺其自然地让"怒火"蔓延开来，让自己被情绪牵着鼻子走。

情绪启示

普鲁斯特说："愤怒不能同公道和平共处，正如鹰不能同鸽子和平共处一样。"人们在所做的每一件事情中，并没有涉及如何去控制自己的怒火，只有意识到"怒火"带来的危害性，才会逐渐改掉自己的坏脾气，认识到"救火"的重要性。

慢慢地，学会把自己当作一个思想的旁观者，开始清楚地认识“生气”的危害，领悟到在生活中许多事情是不值得生气的，或根本没有理由去生气，这样一来，生活就逐渐步入了正轨，并且变得越来越美好。

面对任何事情，我们都不要随意发火、生气，因为常常是生气容易，“救火”却难上加难，尤其是因生气所造成的后果，更是我们难以挽回的。试想，一场大火，若不及时处理，会怎么样呢？

1.置身局中，无疑是火上浇油

在生活中，我们常常为一些琐碎的小事而生气，这时候，我们成了当事人、局中人，整个人被愤怒的情绪所困扰，若是事态变得严重，怒火则会“火上浇油”，甚至，难以控制火势的蔓延。

2.理性看待问题，给自己申辩的空间

可能我们都有过“隔岸观火”的经历，即当同样的事情发生在家人或朋友身上的时候，我们会清楚地意识到生气是没有必要的。可是，当自己遇到同样的事情时，为什么就看不清楚呢？这时候，就需要我们理性地看待问题，重新梳理自己的逻辑，给自己一个灵活调整的空间，从而完成自己的逻辑推演过程。

愤怒实际上是在伤害自己

德国哲学家康德说：“发怒，是用别人的错误来惩罚自己。”在现实生活中，喜欢生气的人不在少数，可是，当有人问道：“你为什么生气？”他们却支支吾吾，答不上来，似乎已经忘记了自己生气的初衷是什么，“气”是怎样一点点积聚起来的，他们也不知道。有人对此做过了一项调查，那些经常生气的人，他们从来不重视生气的理由，如果详细地询问，他们会给出一些不是理由的理由，诸如“我就是看他不顺眼”“凭什么他表现得那么嚣张，我气不过”，等等。在理由中提到最多的都是“他”，其实自身的利益根本没有受到任何的损失，生气只是因为“他”的错误。这时候，你才会发现，生气真的是在用别人的错误来惩罚自己。那么，何必要用他人的错误，在自己心中点一把火呢？

有一天，佛陀在竹林休息的时候，突然，有一个婆罗门闯了进来，由于同族的人都出家到佛陀这边来，这位婆罗门对此感到很生气。见到了佛陀，婆罗门就开始胡乱责骂，佛陀并没有说话，等到他将心中怒气发泄完以后，安静了下来，佛陀才说：“婆罗门啊，在你家偶尔也会有访客吧！”婆罗门感到很奇怪：“当然有，你为何这样问？”佛陀笑了，说道：“婆罗门啊，你也会偶尔款待客人吧。”婆罗门点点头：“那是当然了。”佛陀继续说道：“假如那个时候，访客不接受你的款待，那么，这些菜肴应该归于谁呢？”婆罗门想也不想，就回答说：“要是他不吃的话，那些菜肴只好再归于我！”

佛陀看着他，又说道：“今天你在我的面前说了这么多坏话，但是，我并不接受，所以，你的无理胡骂，那是归于你的！婆罗门，如果我被谩骂，而再以恶语相向的时候，就犹如主客一起用餐一样，因此，我不会接受这个菜肴。”然后，佛陀又说了这样几句话：“对愤怒的人，以愤怒还之，是一件不应该的事情。对愤怒的人，若是不以愤怒还之的人，将可以得到两个胜利：知道他人的愤怒，而以镇静自己的人，不但能胜于自己，也能胜于他人。”婆罗门接受了这番教诲，并出家于佛陀门下，后来，他成了阿罗汉。

对于他人的错误，能够做到不生气，不发怒，这本身就是一种生活智慧。最近，在朋友中流行着这样一句话：“我生什么气！我生气是拿你的错误来惩罚我自己。”与其耗费多余的精力去生气，不如好好打理自己的心情。心由境造，我们所面对的是一个多变的世界，我们可能改变不了环境，但是，我们可以改变自己；我们可能改变不了事实，但是，我们可以改变态度。正所谓“大肚能容天下难容之事，笑天下可笑之人”，如果你明白了这个道理，那还有什么气可生呢？

因为同事在工作上对自己十分无礼，娜娜感到非常生气。而且，由于自己是刚刚到这家公司上班，还没有找到可以畅谈内心感受的同事。于是，她将气愤的情绪带回了家。回到家里，娜娜一个人坐在沙发上生闷气，越想越生气，内心甚至有一种冲动：干脆辞职吧，这样的同事，以后怎么一起共事？

正在这时，电话铃声响了，原来是自己的闺蜜雯雯，在电话里，雯雯邀请娜娜周末一起逛街，娜娜没好气地回应一声：“哦。”雯雯似乎从语气中听出了不快，关心地问道：“出了什么事情吗？今天工作不顺利？”这话可问到了点上，于是，娜娜一股脑儿地把心中的苦闷说了出来，没想到，电话那边却传来了一阵笑声，娜娜有些生气：“我正生气呢，你还这样嘲笑我。”雯雯笑着说：“娜娜，你没有听说过吗，最近很流行这样一句话，生气是拿别人的错误来惩罚自己，既然错在你同事，你生什么气呢？看你在家气得不吃饭，不开心，说不定你的同事这会还很开心呢，别想那些事情了，都是小事一桩，不值得生气。”听了雯雯的分析，娜娜明白了，自己真的陷入了不良情绪之中，生什么气呢，该干什么就干什么去吧。

的确，当自己生气的时候，不妨冷静细想，自己生气是不是大多数是因为他人呢？真正的错误并不在自己，何必要在自己心中点一把火呢？那些令自己生气的事情已经过去很久了，还在为它生气，这又是何必呢？在更多的时候，我们都是拿别人的错误来惩罚自己，而在惩罚自己的同时，也达不到纠正别人错误的目的。所以，与其拿别人的错误来惩罚自己，倒不如用自己良好的教养来凸显对方的缺陷。

情绪启示

生气是对自己的惩罚，有人对此不理解，生气所发泄的对象都是别人，怎么自己还成了惩罚对象呢？其实，你若理解生气对一个人健康的危害性，你就明白什么叫作惩罚了。

心理学家埃尔马进行了一个简单的实验：把一支玻璃管插在盛有水的容器里，然后让实验者把气吐到水里，以此收集人们在不同情绪状态下呼出的气体。通过实验发现：一个心平气和的人吐出来的气冷却成水后，水澄清透明，一点杂色都没有；一个有点生气的人吐出的气冷却成水后，水会变成乳白色，而且，水底还有沉淀；一个怒发冲冠的人吐出的气冷却成水后，水会变成紫色，水底有沉淀。

心理学家埃尔马将那紫色的“气”水抽出部分注射在小白鼠身上，没想到只过了几分钟，小白鼠就死了。对此，他得出了这样一个结论：一个人在生气时，体内会分泌出许多带有毒素的物质。这样，想来大家能明白生气是拿别人的错误来惩罚自己了吧。

冷静面对困难，方能找到出路

智者说：“成功的路上，最大的不幸其实并不是缺少机会，或是资历浅薄，而是缺乏对自己情绪的控制。”弱者任思绪控制行为，强者让行为控制思绪。在困难面前，许多人容易心浮气躁，经历了多次挑战都无法克服困难，他们就会变得气急败坏，在他们心灵深处，有一种力量使他们感到茫然不安，让他们无法冷静地思考，这种力量就是愤怒、生气。生气不仅是成功最大的阻碍，而且还是各种心理疾病的根源，并且会影响我们的日常生活和工作。一个人在愤怒的那一瞬间，智商会迅速下降，过一段时间才能恢复正常，而这将影响我们的正常思维，使我们无法冷静下来，从而没有办法想出解决问题的有效方法。在任何时候人都需要冷静，尤其是在困难面前，冷静使人清醒，它能够使人有条不紊、沉着地应对所发生的一切。所以，面对困难，不要气急败坏，只有冷静才能让我们转败为胜。

有一个小男孩，他在10岁时遭遇了一次车祸，不幸的是，他在这次车祸中失去了左臂。这巨大的伤痛让小男孩几乎连生活自理都成了问题，但是，他却有一个小小的心愿，那就是学习柔道。几经辗转，小男孩有幸拜在了一位日本柔道大师的门下，开始学习柔道。他格外地珍惜这个学习的机会，每天勤学苦练。可是，令小男孩感到不解的是，自己已经学了三个月，师父却只教了一招。有一天，男孩终于忍不住问大师："我是否应该再学学其他招数？"大师却摇摇头回答说："虽然你只学会了一招，但是你只需要学会这一招就足够了。"

几个月后，师父带着小男孩去参加比赛，比赛开始之前，师父只是嘱咐："冷静，一定要冷静！"就连小男孩自己都没有想到，只凭着那仅有的一个招数，他就轻松地进入了决赛。决赛开始了，对手比小男孩高大、强壮，似乎比他更有经验，一看这架势，小男孩就心虚了。比赛一开始，小男孩有点招架不住，这时，师父那句话在他耳边响了起来："冷静，一定要冷静！"小男孩长长呼出一口气，慢慢等待，后来，对手逐渐放松了戒备，这时，小男孩立即使出了自己的绝招，制服了对手，赢得了冠军。

回家的路上，小男孩满腹疑虑："师傅，我为什么能仅凭一招就能赢得冠军呢？"师父缓缓回答道："有两个原因，第一，你基本掌握了柔道中最难的一招；第二，对付这一招唯一的办法就是抓住你的左臂，可是，你没有左臂。孩子，有的时候，人的劣势并不是什么坏事，凡事只要你冷静应对，便可以转败为胜。"

在挫折与困难面前，跌倒了，爬起来，这是一种勇气，但是，对于成功来说，勇气并不是最关键的因素，因为成功所需要的是比勇气更珍贵的那份冷静。失败了，我们所需要做的不仅仅是重新站起来，更关键的是学会梳理自己的情绪，冷静地分析、总结失败的原因，这样我们才能避免摔更大的跟头。一个人在面对困难的时候，总是心浮气躁，气急败坏，那么，这个人终会失去自我。在任何事情面前，我们都应该拥有冷静的头脑，因为只有冷静，才有可能使我们转败为胜。

情绪启示

在法庭上，律师拿出了一封信向洛克菲勒问道："先生，你收到我寄给你的信了吗？你回信了吗？"洛克菲勒冷静地回答："收到了，没有回信。"这时，律师又拿出了二十几封信，逐一向洛克菲勒询问，而洛克菲勒都以同样冷静的表情、相同的语调给予了回答："收到了，没有回信。"终于，律师控制不住自己的情绪了，他开始暴跳如雷，不断咒骂，最后的结果出乎人们的意料，法庭宣布洛克菲勒胜诉，因为律师因情绪失控而让自己乱了章法。

1.冷静，让你转败为胜

从洛克菲勒的例子中，我们可以看出，冷静对于一个人的成功意义重大。有人甚至这样总结法庭上的律师：令你的对手发怒，失去冷静，那么，你就已经开始转败为胜了。当然，同样的条件下，自己则需要保持冷静的头脑。

2.愤怒的情绪不可有

一个人，若是能够控制好情绪，保持冷静，就可以化险为夷，化阻力为助力；相反，若是不能掌控好情绪，容易被激怒，就有可能陷入危险的境地。有人说：“一个能控制住不良情绪的人，比一个能拿下一座城池的人还要强大。”理智的情绪不仅是心灵健康的庇护，也常常是我们决胜的关键，因为在关键时刻，我们需要保持冷静，以最平和的情绪来面对一切。面对强大的对手，有时候，我们采用何种手段并不重要，至关重要的是控制好自己的情绪，保持冷静。

以德报怨，就会减少怒气

以德报怨是一种宽容，维克多·雨果曾说：“最高贵的复仇是宽容。”宽容，会让我们忘记心中的仇恨，不再愤怒，从而会以一种平静的心态面对事情的发展。生活中，能够以德报怨的人并不多，大多都是以怨报怨，对于别人的苛责或为难，他们从来不会忍受，心中的怒火很容易被激起，在激动的情绪下，他们会采用恶语相向、以牙还牙的方式进行报复，结果弄得两败俱伤，甚至彼此成为陌路人。这样的结果又何必呢？俗话说：“冤冤相报何时了。”如果我们心眼小得容不下别人无意之中造成的伤害，无法忍受自己遭受一点点的责备，那愤怒就会成为我们的习惯。人生短短几十年，何必非要跟自己过不去呢？学会宽容，以自己的仁厚去包容他人的过错，这样我们才能化解心中的怒气，同时，还能提升人生的境界。

有一天，迈克尔在路上走着，他边走边把竹条缠绕在自己身上玩，谁料，迈克尔的竹条一端不小心脱了手。当时，迈克尔站在木桥边，正对着大门，一位农民的儿子在那里放了一罐水，准备挑回家。不巧的是，迈克尔的竹条反弹回来把水罐打翻了，不过装水的罐子并没有破碎。发现自己闯祸了，迈克尔急忙赔礼道歉，可是，农民的儿子却跑过来破口大骂，一点也不理会迈克尔的解释，甚至一把抓住了他的竹条，并残忍地折断了。

这竹条可是父亲送给自己的，如今却被折断，迈克尔十分生气，回家的路上，他不停地咕哝：“我一定要报复他，我要他从心底感到后悔。”正在花园里散步的父亲听见了，好奇地问：“你要让谁从心底里后悔呀？”迈克尔向父亲讲述了事情的经过，父亲笑着说：“他的确是一个坏孩子，但是，他已经受到了惩罚，他没有朋友，也没有快乐，这就是对他的惩罚。”迈克尔却执意说：“那竹条可是你送给我的礼物，那么漂亮的竹条，我只是无意打翻了他的罐子，我一定要报复他。”父亲抚摸着迈克尔的头，温和地说：“迈克尔，我知道你是一个好孩子，做任何事情都应该思考清楚。我可以再送你更漂亮的竹条，但是，如果你执意要报复，并且认为那才是对他最好的惩罚，这只不过是你现在的想法，以后你肯定会从心底里后悔的。”迈克尔陷入了沉思，他暂时放弃了报复的念头。

几天过去了，迈克尔似乎忘记了那天的事情。一天，他又遇到了那位农民的儿子，那个男孩正挑着一担重重的木柴朝家里走去，结果却不小心摔倒在地，爬也爬不起来。迈克尔看见了，急忙跑过去帮忙捡起了木柴。这时，那位农民的儿子感到很愧疚，心里很难过，对之前的行为感到后悔，甚至，在迈克尔离开的时候，他还小声说了一句：“那天，对不起！”而迈克尔则高高兴兴回家了，他想：以德报怨，或许这才是最好的处理方式，如果不是当初父亲提醒我，可能我现在正在忏悔呢。

本来，迈克尔已经道歉了，但竹条还是被农民的儿子折断了，他已经很气愤了，他发誓自己一定要报复那个不知天高地厚的小子。但就在芬芳四溢的花园，迈克尔听从了父亲的教诲，决定放下心中的愤怒和怨恨，以一种宽容的态度原谅了对方。果然，当迈克尔学会宽容以后，以德报怨的作用就发挥了，那位看上去蛮横的男孩竟然不好意思地说了一句：“那天，对不起！”由此看来，以德报怨，确实是化解怒气的法宝，它不仅化解了自己内心的愤怒，而且融化了对方冰冷的心。

情绪启示

以德报怨受益最大的其实是我们自己。以德报怨所体现的宽容、大度和涵养，是一种积极的生活态度和高尚的道德观念。虽然对方做了一些不利于我们的事情，但我们若是可以给予对方一个宽容的怀抱，换来的将是皆大欢喜的结局。冲突会害人害己；以德报怨反而能够化解彼此心中的怒气。如果你是一个渴望幸福的人，那么你一定会选择后者，因为以德报怨本身就可以令你收获一种美好的幸福。

第2章

解码坏情绪，小心这只毁坏幸福生活的蛀虫

生活中，你是否经常没有安全感？担心自己不能成功，担心自己不能让他人满意……内心深处感觉到自卑，好像生活中再也没有什么能引起自己的兴趣，对学习和工作感到缺乏耐心，非常在意别人对自己的评价……你常常为此生气，情绪失控。那么，现在开始，请理性看待自己的情绪，别让情绪失控毁了自己。

压力是负面情绪的根源之一

人们最初踏入社会，是怀着美好愿望的，他们希望自己的能力得到肯定，抱负得以实现，但是，社会的残酷与现实让他们失去了最初的信心，给他们的身心带来了巨大的压力。无论是生存压力，还是工作压力，对人们的情绪都是有着重要影响的。一旦压力来袭，人们就更加容易生气、烦躁，似乎看什么事情都不顺眼，内心的情绪积压过久，总想痛快地发泄一番。因此，那些给自己压力过多且无处发泄的人心中的负能量就越来越多，逐渐取代了正能量。

据一项社会调查发现，那些生活、工作条件良好、受过较高程度教育的城市人，他们对生活的满意度远远不如农村人，来自生活和工作的压力让他们的生活质量大打折扣。近些年来，城市人的脾气似乎越来越大，他们常常感觉到紧张、焦虑，容易愤怒，甚至在悲观时会产生用自杀解脱压力的念头。这项调查显示，与农村人相比，城市人体力工作的强度、时间都少于农村人，而且更注重健康的生活方式，但是城市人的精神状况却明显差于农村人。

几年以前，艾伦开始做保险推销员时，他对这份工作充满了热情。但是，最开始的工作很不容易上手，这使他十分悲观，信心大受打击，甚至一度想辞去这份工作。不过，庆幸的是，在一个星期六的早晨，艾伦努力让自己平静下来，开始反思自己被负面情绪困扰的原因。

艾伦首先问自己："究竟出了什么问题？"很多时候，当他去拜访客户的时候，自己搞得身心疲惫，却收效甚微。每次都是与顾客谈得十分融洽，一旦到最后的签约环节，客户却总是不能爽快答应，经常说的是："你看这样好不好，我再考虑考虑，下次再答复你吧。"每次艾伦都是白费口舌，无功而返，这使他想起自己的推销经历就十分沮丧。

然后艾伦继续思考："有什么可行的解决办法呢？"为了寻找答案，他开始反思自己的行为，并将过去12个月的工作记录作为研究对象，仔细分析上面的数据。结果令艾伦十分惊讶：在自己所卖出的保险中有70%是在第一次见面时成交的，另外23%是在第二次见面时成交的，只有7%是在他多次回访，费尽口舌签下的合约。不过，让艾伦震惊的是，恰恰是最后那7%耗费了他大部分的时间和精力，他差不多把一半的工作时间都花在那7%上面了。

这样一来，艾伦总结出了一个很有价值的经验：超过两次的拜访是没有必要的，我应该将节省下来的时间用于寻找新的客户。于是，减少了不少内心压力的艾伦开始采用新的方式，结果业绩突飞猛进，他平均每次拜访的回报几乎翻了一番。

社会调查显示，个人工作稳定、收入有保障被列为城市人平时最关心的问题，对工作的极度关注使许多城市人明显觉得工作压力影响到了个人健康。另外，城市的快速发展和工作的快节奏让许多城市人觉得自己似乎有点力不从心，对自己工作状况并不满意，而且，来自家庭以及社会的压力也让他们感到焦头烂额。

情绪启示

每天，人们都面临诸多压力，有可能是事业不顺而造成的工作压力，有可能是感情不顺而造成的情感压力，还有可能是家庭不和谐带来的家庭压力，心理学家把这些压力统称为“社会压力”。社会压力可能会直接转换成心理压力、思想负担，久而久之，就会成为心结。如果这种压力长久以来得不到有效释放，就会越积越多，并产生出巨大的负能量，最终像一座火山一样爆发出来，导致人们的情绪大变，总感觉自己活得太累，每天都不开心，脾气越来越坏，甚至，有严重者会产生精神崩溃，做出傻事。面对巨大的社会压力和心理压力，最重要的是自我调节、自我释放。

1.养成良好的作息习惯，营造良好的睡眠环境

在日常生活中，人们需要养成按时入睡和起床的良好习惯，这样就能稳定睡眠，避免引起大脑的过度疲劳；注意调节卧室内的温度，使睡眠环境的温度适中；在卧室内可以使用一些温和的色彩搭配，这样人们在良好的环境中自然能够放松心情，顺利进入睡眠，并保证良好的睡眠质量。

2.放松精神，舒缓压力

人们需要缓解自身的压力，比如，在睡前可以进行适量的运动，听听音乐，或者是通过头部按摩来缓解压力；也可以进行短距离的散步。另外可以在睡觉前播放一些轻柔的乐曲，使身心都放松下来，缓解白天的各种压力。

3.给自己的压力要适当

心理学家建议：适当的压力有助于激发自己更强的斗志，但是，正如任何事情都有一定的度，压力过大就会影响到正常的情绪。因此，在日常生活中，我们要给自己适当的压力，只要不是太糟糕的事情，我们应该学会忘记，这样一来，那些琐碎的小事就影响不到我们了。

一旦被负面情绪控制，事情就复杂了

负面情绪是一种快速把人的情绪拉低，使人陷入低沉的东

西，负面情绪只会让我们的心态变得越来越糟糕，甚至最后被它吞噬。我们经常说的一句用来安慰人的话是“人生不总是一帆风顺的”，但似乎这句话只会对一些失意的人起作用，我们自己似乎从来没有去深思这句话的含义，一旦在自己身上发生了这样的事情时，我们就只会想到逃避，甚至开始在体内滋生一系列如自卑、贪婪、嫉妒等负能量。而这些将会摧毁我们好不容易建立起来的自信。

威廉多年以来一直担任某出版公司的高层主管。

他每天把工作中一半的时间用于开会和讨论问题，比如，这个问题应该这样？还是那样？或者这个问题是不是根本不用理会？这时他都会表现得异常紧张，坐立不安，在房间里走来走去，与下属讨论，不停地争辩，一个会议可以开到晚上，散会时，威廉总是感觉到精疲力竭。

在这样的日子重复很多年之后，威廉以为他这一辈子都会这样，不过，他也在想，或许会有更好的办法。

威廉做出的改变是：

第一，马上停止会议中一直使用的程序，比如，在以前，他会跟同事先梳理一遍问题的细节，最后再询问“我们该怎么办呢”。

第二，定下一条新的规矩，任何人想要问他问题，必须事前准备好一份书面报告，并提出三个问题：

（1）到底是出了什么问题？

过去这种会议一般都要开一两个小时，但是最终还弄不清楚真正的问题在哪里，大家经常是愿意讨论问题，却不愿意提前写出来所讨论的问题究竟是什么。

（2）是什么导致了问题的出现？

回想了过去的会议，他惊奇地发现，虽然在这种会议上浪费的时间很多，但最后都没能找出是什么导致了这个问题的出现，也就是说，这个会议根本没有达到预期的效果。

（3）怎样来解决这些问题？

出现了问题肯定需要解决，在过去的会议上，只要有一个人提出了解决方法，就有其他的人为此跟他争论，于是大家也就一同争论了起来，结果常常是说着说着就说到了别处，直到开完会，还没有回归主要问题。

当他提出这样几个问题之后，他说："过去那些跟我一起开会的人，经常会在会议上绕圈子，却从来没有想到过切实可行的解决方法，现在，我的下属很少会把他们的问题拿来找我了，因为他们对这几个问题经过仔细思考后，发现大部分问题都不需要再来找我商量了。"

以上就是威廉让自己摆脱负面情绪的经历。在过去，每当结束一个会议，总感觉很累，而且更糟糕的是问题还没得到解决，既浪费了时间，又根本没达到自己想要的效果。这样长此以往，最终的结果是他越来越害怕开会，甚至听到“开会”这两个字都会打不起精神来，这其实就是一种负面情绪，它使人不断地否定自己，打击自信心，最终在负能量的影响下变得更糟糕。

不可否认，负面情绪是存在于我们潜意识里的，其实它一直存在，我们没唤醒它的时候，它就像一个熟睡的孩子，一旦触动，则会影响我们的身心，乃至一生的幸福生活。每个人的身体内部都潜伏着负面情绪，它通过潜意识微妙地影响着我们生活中的每一件事，并且占据了属于强大的正能量的空间。

情绪启示

每个人在生活中都有面对困难和痛苦的经历，它们显然是负面情绪的来源，而且人们到最后会发现，这些痛苦糟糕的经历带来的创伤，会在人们内心的某个地方留下情感的伤疤，它就像是抹不掉的阴影。当然，负面情绪不仅来自这些糟糕痛苦的经历，有时候甚至生活中的小事也有可能成为我们负面情绪的来源：

1.喜欢轻易下结论

人们或许不知道，轻易下结论是一个隐蔽的陷阱，这会让我们很容易把一个人的行为和他的为人联系起来。其实，关键在于，我们在不同的时间有不同的处事方式，这会带来多方面的变化，这些变化会影响到我们的情绪、自我控制能力和对待他人的方式。

2.喜欢比较

许多人都有攀比心，这种心态虽然来源于竞争的环境，但我们更应该清楚，有人会成功，就有人会失败。生活并不是一场和其他人的竞赛，我们只需要做好自己，成为自己梦想中的那个人，不要永远沉浸在攀比的游戏中。

3.总觉得自己很委屈

许多人存在这样一种心理，好像全世界只有自己最委屈，他们始终扮演着受害者的角色。其实，这是我们不愿意承担自己生命中个人责任的表现，假如我们总觉得自己很可怜，长此以往我们就会形成一种自卑、自闭、负面而狭隘的心态，我们会拒绝正能量的加入，到最后我们所受到的是更多的负面影响。

4.总看到事情不好的一面

我们的知觉形成了我们看待事情的方式。其实，这个世界是美好的，但假如我们总是看到事情不好的一面，那我们的感受就是极其糟糕的，那些不好的感觉会不断地被放大，而积极的感觉则会被掩盖，于是，负能量就会在我们体内滋长，就好像是少量的毒药，点滴积累却足以毁掉我们原本美好的生活。

5.总喜欢回忆过去痛苦的经历

就像祥林嫂不断地向人们诉说自己的痛苦经历一样，有些人总容易沉浸在过去的痛苦回忆中，固执地去回想那些不愉快的经历和情感，然后累积起来，使那些糟糕的感觉如毒气一样积压在胸口，终有一日会爆发，把自己伤得体无完肤。我们应该知道，执着于负面情绪不仅会上瘾，而且会推着我们走向灭亡之路。所以，对于自己不愉快的经历，我们应学会释怀，学会淡忘。

内心空虚，很容易被负面情绪侵袭

塞涅卡说："人类最大的敌人就是胸中之敌。"在现代人的字典里，"空虚"这个字眼所具有的重量似乎越来越重，许多上班族都有这样的经历："我有工作，但是一天什么事情都不想干，总是提不起精神，面对着电脑，也不知道自己要做些什么，真不知道以后的日子该如何过下去，心里空虚得要命。"空虚，是一种消极的状态，不能明确自己的目标，不知道今后的路该怎么走，更重要的是，在这样的心理状态下，坏情绪很容易"钻"了空子。他们常常因为自己的胡思乱想，而把怒火撒到其他人身上，而且自认为生气是很有道理的。可是生气之后，他们浑然忘记了自己到底为什么生气，就像是为了摆脱心里的空虚一样。所以，如果你是一个空虚的人，就需要时刻警惕，不要让自己掉入坏情绪的陷阱。

在生活中，人们往往存在着不同的心态，有的人乐观，有的人却悲观，乐观的人情绪平和安静，而悲观的人很容易出现情绪的波动。其实，空虚本身就是一种悲观的心态，空虚的人很容易因为找不到前方的路而迷失了自我。心中没有前进的方向，没有心灵的归宿，因此他们总是花很多的时间和精力来想一件事情，哪怕只是一件微不足道的事情，想着想着，也冒出愤怒的情绪来。内心的无力让他们感觉到诸多不安的情绪，在很多时候，他们自己也很想从空虚感中摆脱出来，可是，越是空虚，越是容易生气，越是生气，越感到前途渺茫。在这样的恶性循环中，情绪越来越汹涌，并渐渐操纵了他们。

小杨和男朋友相恋一年多了，可是，这段感情一直遭到父母的反对。在一个气氛紧张的夜晚，父亲在电话的那头生气地说道："你要是再这样下去，就永远不要回这个家了！"电话放下后，小杨心都凉了大半截，未来该怎么办呢？和男朋友分手，接受家人介绍的对象？还是坚持自己的选择，和男朋友远走高飞？路有千条万条，可小杨就是不知道自己该选择哪一条。

白天，男朋友上班了，小杨一个人待在家里，总想找点事情做，可是，内心的无力感和空虚感袭来，她觉得浑身都没劲，就想一直沉睡，至少睡着了什么就不用想了。偶尔，思绪万千的时候，她也会想起与男朋友诸多的不合适，以及父母的担忧，越想心中越是焦虑，有时候想着想着，她就暗暗下决心："今天晚上就和男朋友说分手的事情，一定不能心软。"于是，等到男朋友回家的时候，小杨心中的怒气就上来了，尤其是看到对方某些自己不能认同的行为，小杨更是怒火中烧，大声斥责："我们结束吧，我不想继续了。"而且，这样的情景不是一次两次，而是多次，每次小杨独自一个人在家里，由于内心的空虚与混乱，总会胡思乱想，男朋友也感到很疲惫，偶尔他也会劝小杨："没事就出去透透气，不然，在家里迟早会闷出病来。"小杨内心也很清楚，自己的愤怒确实是由空虚而生的，可是有时候总是控制不住自己，也不知道自己到底该怎么办？

小杨内心的空虚，总是让"坏情绪"钻了空子，结果平白无故地生了那么多气。在人生的旅途中，得与失，苦与乐，乃至空虚寂寞，始终伴随着我们。如果我们总是把这些伤心的话、烦恼的事记在心中，无异于背上了沉重的包袱，套上了无形的枷锁，同时，也让郁积在心中的不良情绪有了可乘之机。

情绪启示

从心理学角度说，空虚是一种消极情绪。那些空虚的人，无一例外都是对理想和前途失去信心，对生命的意义没有正确认识的人。他们对现实消极失望，以冷漠的态度来对待生活，遇人遇事经常逃避。有时候，为了摆脱空虚，他们会沉浸到另外一种空虚的生活中，漫无目的地闲逛、游荡，消磨大好时光，因此，空虚带给我们的，是百害而无一利。那么，面对空虚，我们该怎么调整自己呢？

1.树立理想

俗话说："治病先治本。"空虚主要源于对理想、信仰以及追求的迷失。知晓了空虚产生的根源，那么就要对症下药。树立远大的理想、拟定明确的人生目标，这就可以成为消除空虚最有力的武器。当然，这并不是说你树立了目标，空虚就被驱赶走了，而是当我们坚定地朝着自己目标前进的时候，空虚才会慢慢地远离我们。

2.提高心理素质

有时候，即使是两个人生活在同一种环境中，但由于心理素质不同，其状态也会不同。有的人遭遇了一点点挫折就偃旗息鼓，他们很容易陷入空虚中；有的人面对困难丝毫不退缩，空虚自然无立足之地。所以，提高自己的心理素质，也能够将空虚及时地消除，不给它进一步侵蚀心灵的机会。

3.保持一份热情

生活本身是美好的，主要是看我们以怎样的态度去面对它。对生活缺乏热情的人，他们心中只有空虚以及百无聊赖的寂寞，而那些对生活充满了热情的人，无论是蓝天白云，还是高山大海，他们都会积极地去感受大自然的美丽。当那份热情填补了生活的空白，哪还有精力和时间去空虚呢?

开启心理屏蔽模式，防止他人坏情绪的传染

著名作家大仲马说：“你要控制你的情绪，否则你的情绪便会控制你。”其实，情绪是可以互相感染的，尤其是坏情绪，稍有不慎，我们就有可能被它感染。有的人之所以会生气，是因为受了身边人坏情绪的影响，这就是情绪的“传染”。对于那些流窜在我们身边的“坏情绪”，千万不要惹火上身，被他人带“坏”，要知道，好情绪需要自给自足。

美国洛杉矶大学医学院的心理学家加利·斯梅尔经过长时间的研究发现：原本心情开朗舒畅的人，若同一个整天愁眉苦脸、抑郁难解的人相处，不久也会变得情绪沮丧起来。而且，一个人的敏感性和同情心越强，越容易感染上坏情绪，坏情绪的传染过程是在不知不觉间完成的。比如，在家庭中，丈夫的情绪低落，那么，妻子就很容易出现情绪问题。关于坏情绪的传染，时间之短令人惊叹：美国密歇根大学心理学教授詹姆斯·科因的研究证明，只要20分钟，一个人就可以受到他人低

落情绪的传染。因此，在生活中，要想拥有一份好情绪，就应该对自己做好保护措施，努力保持良好的情绪。

有一个小男孩心情不好，在路边遇到一只小狗，便一脚狠狠踢去，吓得小狗狼狈逃窜。小狗无端受了惊吓，这时，它见到一个西装革履的老板，心中冤屈的它便对着老板狂吠，致使老板心生不悦；心情不好的老板在公司里逮住他的女秘书大发雷霆；女秘书回家后把怨气一股脑儿撒给了毫不知情的丈夫。

第二天，这位身为教师的丈夫如法炮制，对自己一个不长进的学生一顿狠批；挨了训的学生，也就是在这之前所说的那个小男孩就怀着一种很复杂的心情回家了，在回家的路上又碰到了那只小狗，于是他二话不说，又是一脚踹向了那只狗……

“情绪链”也就是我们常说的“情绪感染”，它所指的是一个人的坏心情很容易影响几个人的好心情。上面这个故事就是一个最典型的例子，那么，如何才能防止情绪感染呢？我们应该多一些理性，克服自己情绪化的弱点。

有一次，哈里斯和朋友去买报纸，交完了钱，那位朋友礼貌地对卖报人说了声“谢谢”，但卖报人态度冷漠，没有一句客套话。在回家的路上，哈里斯问道：“这家伙态度很差，是不是？”朋友漫不经心地回答，似乎并不生气：“是啊，他每次都这样。”哈里斯有点疑惑地问道：“那你为什么还对他那么客气？”朋友微微笑了一下，回答说：“我为什么要让他决定我的行为？”

哈里斯的朋友并没有因为卖报人的不礼貌而生气，我们同样不应让别人来左右自己的情绪，而是自己掌控自己的情绪。就如哈里斯的朋友所说的，“为什么要让他决定我的行为呢”。生活中也是一样的道理，别人生气是别人的事情，我们只需要掌控好自己的情绪就可以了，千万不要上了坏情绪的当，看见别人生气，自己也忍不住生气，最后，你就成为坏情绪的传染对象。

情绪启示

聪明人会紧紧地握住自己快乐的钥匙，他不期待别人给自己带来快乐，反而会将自己的那份快乐带给别人，他们才是情绪真正的主人。其实，在我们每个人的心中都有一把控制情绪的钥匙，但是大多数人却不知不觉地将这把钥匙交给了别人掌管。掌控不了自己的情绪，情绪就会主宰我们，我们的言行就会被情绪牵着走，最后，那些坏情绪不仅成了我们成功路上的绊脚石，而且将会给我们的生活带来诸多麻烦。

在生活中，我们身边的人随时都可能会生气，这时，我们该如何避免那些坏情绪的感染呢？

1.离开或避开对方

如果我们身边的人火气上来了，那么，这时一个眼神、一句话都有可能会勾起他们心中的怒火。对此，还是先避开为妙，选择离开或者避开生气的当事人，保持清醒的头脑，然后仔细想一想，你就会觉得没什么大不了的事情。

2.转移注意力

如果对方老是在那里生气，你不妨也做一些事情来转移自己的注意力。比如，看看报纸、看看电视、唱唱歌、洗洗澡，做一些相对轻松的事情，这样你就会发现自己的好心情一点也不受影响。

3.暂停一会

就像美国第三任总统托马斯·杰斐逊说的那样："先数到10再说话，假如怒火中烧，那就数到100。"这样，头脑中紧绷的弦会稍微松弛下来。在自己快要被感染的时候，暂停一会，努力让自己清醒，这样，你就不会被坏情绪感染了。

自我测试，看你是不是一个容易生气的人

一个人在生气时能产生多少能量呢？有人戏谑地对生气做了一个形象的比喻："普通的怒火能使三支蜡烛燃烧，最厉害的怒火能点燃一辆汽车引擎。"或许，我们会觉得这样的形容比较夸张，但是事实上，生气所形成的能量的确是惊人的。心理学家指出，生气并不是一件坏事，学会生气却又不伤身才是

聪明人的做法。同时，心理学家把那些喜欢生气的人所产生的能量称为“生气指数”，每个人都有自己的一个生气指数。有人不怎么喜欢生气，有人却常常生气，那么，他们的情绪、情商都是有差别的，如何来了解自己的“生气指数”呢？

美国心理学家的研究结果表明，一个人若是不愿意宣泄自己的不满情绪或喜欢抑制自己的愤怒，那么，他们很容易在抑制愤怒的过程中缩短自己的寿命。事实上，不仅抑制愤怒会缩短自己的寿命，而且常常生气会使一个人的寿命缩短。另外，心理学家通过研究表明，那些所谓的长寿者基本上都属于性格“温和”的类型，他们的生气指数偏低。生气对一个人的身心健康有着不利的影响，一方面，生气不利于心脏的健康；另一方面，生气还会影响免疫系统的正常工作，有可能会引起大脑内激素的变化。因此，我们需要清楚地了解自己的“生气指数”，努力控制自己的情绪，使自己成为一个高情商的人。

哈佛大学曾帮助学生做了一个“生气指数”的测试，下面是一份测试卷。一共为16道题，前面15题，若答“是”得1分，反之不得分；第16题答“否”得1分，反之不得分，我们可以通过这样的测试，来了解自己的“生气指数”。

（1）有时候我想骂人。

（2）有时候我想摔东西。

（3）我经常对自己的愤怒和抱怨莫名其妙。

（4）有时候我想对别人实施武力。

（5）我很容易对别人不耐烦。

（6）别人常说我脾气不好。

（7）排队时看到有人插队，我会忍不住提醒他。

（8）对于态度粗鲁或烦我的人，我将以牙还牙。

（9）我常对自己的易怒和抱怨后悔不已。

（10）有人催我，我会生气。

（11）我很死板。

（12）有时候我太生气，太伤心，真不知自己会做出什么。

（13）我喝酒时曾摔过家具或碗碟。

（14）有时别人气得我简直要爆炸。

（15）我曾因生气同他人进行过武力较量。

（16）我从未失控过。

结果分析：

0~1分：脾气温和，很少会有因生气导致心脏病发作的风险；

2~4分：中等，因生气导致心脏病发作的危险系数是温和人群的2.7倍；

5分以上：暴躁，因生气导致心脏病发作的危险系数是温和人群的3.5倍。

有一篇科学报告中曾写过这样一段话：“一个人在生气时的分泌物可以毒死一只老鼠；如果一个人生气5分钟，所消耗的体能不亚于跑2千米所消耗的体能。”因此，一个人在很大程度上并不是老死的，而是被气死的。由此可见，对于我们来说，拥有健康的心理是非常重要的。良好的情绪，温和的脾气都是良好心理素质的必备条件，这样在任何时候，我们都可以泰然自若，平静如水，而这正是高情商的标志。或许，你很想知道自己是属于哪种情绪类型，那么，不妨来做一做哈佛大学的情商测试。（注：每道题都有3个选项，所选择的答案分数在小括号里）

（1）假如让你选择，你更喜欢：

A.与许多人一起工作，并进行亲密接触（3）

B.和一些人一起工作（2）

C.独自工作（1）

（2）当为解闷而读书时，你会喜欢：

A.史书、秘闻、传记类（1）

B.历史小说、“社会问题”小说（2）

C.科幻小说、荒诞小说（3）

（3）对恐怖电影反应如何？

A.不能忍受（1）

B.害怕（3）

C.很喜欢（2）

（4）以下哪种情况与你相符：

A.很少关心他人的事（1）

B.关心熟人的生活（2）

C.爱听新闻，关心别人的生活细节（3）

（5）到外地时，你会：

A.为亲戚们的平安感到高兴（1）

B.陶醉于自然风光（3）

C.希望去更多的地方（2）

（6）你看电视剧时会哭或感动得哭吗？

A.经常（3）

B.有时（2）

C.从不（1）

（7）路上遇见朋友时，通常是：

A.点头问好（1）

B.微笑、握手和问候（2）

C.拥抱他们（3）

（8）假如在飞机上有陌生人要你听他讲自己的经历，你会怎样？

A.显示你颇有同感（2）

B.真的很感兴趣（3）

C.打断他，做自己的事（1）

（9）你想过给报纸的问题专栏写稿吗？

A.绝对没想过（1）

B.有可能想过（2）

C.想过（3）

（10）当别人问你的个人隐私时，你会怎样？

A.感到不快活和气愤，拒绝回答（3）

B.平静地说出你认为合适的话（1）

C.虽然不快，但还是回答（2）

（11）在咖啡店要了杯咖啡，这时发现邻座有一位姑娘在哭泣，你会怎样？

A.想说些安慰的话，但却羞于开口（2）

B.问她是否需要帮助（3）

C.换个座位远离她（1）

（12）在朋友家聚餐之后，朋友和他的爱人吵了起来，你会怎么做？

A.觉得不快，但无能为力（2）

B.马上离开（1）

C.尽力为他们排解（3）

（13）你会在什么时候送礼物给朋友？

A.仅仅在新年和生日（1）

B.全凭兴趣（3）

C.在觉得有愧或忽视他们的时候（2）

（14）刚认识的一个人对你说了些恭维话，你会怎么样？

A.感到窘迫（2）

B.谨慎地观察对方（1）

C.非常喜欢听，并开始喜欢对方（3）

（15）假如你因家事不快，上班时你会：

A.继续不快，并显露出来（3）

B.工作起来，把烦恼丢在一边（1）

C.尽量理智，但仍忍不住发脾气（2）

（16）生活中的一个重要关系破裂了，你会：

A.感到伤心，但尽可能正常生活（2）

B.至少在短暂时间内感到痛心（3）

C.无可奈何地摆脱忧伤之情（1）

（17）一条迷路的小狗闯进你家，你会：

A.收养并照顾它（3）

B.扔出去（1）

C.给它找个主人，找不到就让它安乐死（2）

（18）对于信件或纪念品，你会：

A.刚收到时便无情地扔掉（1）

B.保存多年（3）

C.两年清理一次（2）

（19）你会因内疚或痛苦而后悔吗？

A.是的，一直很久（3）

B.偶尔后悔（2）

C.从不后悔（1）

（20）与一个很羞怯或紧张的人说话时，你会：

A.因此感到不安（2）

B.觉得逗他讲话很有趣（3）

C.有点生气（1）

（21）你喜欢什么样的孩子？

A.年龄很小的孩子，而且有点可怜巴巴（3）

B.长大了的孩子（1）

C.能同你谈话的孩子，并且已经形成了自己的个性（2）

（22）爱人抱怨你花在工作上的时间太多了，你会怎样？

A.解释说这是为了两人的共同利益，然后仍像以前那样工作（1）

B.试图把更多时间花在家庭上（3）

C.对两方面的要求感到矛盾，并试图使两方面都令人满意（2）

（23）在一场非常精彩的演出结束后，你会：

A.用力鼓掌（3）

B.勉强鼓掌（1）

C.加入鼓掌，但觉得很不自在（2）

（24）当拿到母校出的一份刊物时，你会：

A.通读一遍就扔掉（2）

B.仔细阅读，并保存起来（3）

C.不看就扔进垃圾桶（1）

（25）看到路对面有一个以前的朋友时，你会：

A.走开（1）

B.走过去问好（3）

C.招手，如果对方没有反应便走开（2）

（26）知道一位朋友误解了你的行为，并且正在生你的气，你会怎样？

A.尽快联系，作出解释（3）

B.等朋友自己清醒过来（1）

C.等待一个好时机再联系，但对误解的事不做解释（2）

（27）你怎样对待不喜欢的礼物？

A.立即扔掉（1）

B.热情地保存起来（3）

C.藏起来，仅在赠者来访时才摆出来（2）

（28）你对示威游行、爱国主义行动、宗教仪式的态度如何？

A.冷淡（1）

B.感动得流泪（3）

C.使你窘迫（2）

（29）你有没有毫无理由地感到过害怕？

A.经常（3）

B.偶尔（2）

C.从不（1）

（30）你属于下面哪种情形？

A.十分留心自己的感情（2）

B.总是凭感情办事（3）

C.感情没什么要紧，结局才最重要（1）

结果分析：

30~50分：你的情绪类型是理智型，有较强的自制力，缺点是对别人的情绪缺少反应，建议放松一下自己；

51~69分：你的情绪类型是情绪型，有时候会感情用事，有时又十分理性，一般很少与人争吵，热爱生活且生活得愉快、舒心；

70~90分：你的情绪类型是冲动型，很重感情，会意气用事，但建议以后遇事冷静镇定一些。

第 3 章

接纳坏情绪，并合理释放坏情绪

情绪表达是人们生活的需要。当内心郁积负面情绪时，就应该寻找合适途径释放出来，否则，只会造成情绪拥堵，甚至会给身体带来不适。所以，要学会勇敢表达自己的情绪，没有情绪的人生是一种缺憾。

克服紧张，保持优雅

在生活中，当我们面对诸如独自登台表演或演讲、与陌生人沟通、在公众场合说话等场景时，紧张的情绪总会冒出来困扰我们，影响着我们的一举一动。有时候，紧张的情绪使我们怯场，内心产生退缩的念头；有时候，紧张的情绪会让我们方寸大乱，最终以失败收场。总而言之，紧张的情绪似乎总是跟随着我们，影响我们的一言一行，有意或无意地干扰着属于我们自己的优雅，在紧张的心境下，我们似乎没有办法做好事情。所以，要想保持一份优雅，要想拥有一份美好的心情，我们就应该努力克服内心的紧张情绪。

亚伯拉罕·林肯出生于一个农民家庭，他曾经是一个内心自卑却又渴望成功的人。

林肯当选为美国总统后，复杂而令人头疼的政事使他患上了抑郁症。在患病的那段时间里，林肯经常失眠，内心时刻充满着紧张的情绪，甚至对自己的生活感到了绝望。每一次会议或者讨论，林肯都沉默不语，并不是他习惯如此，而是源于内心的紧张。后来，心理医生建议他“重新找回自信”，在医生的帮助下，林肯喜欢上了剪报。每天他都会剪下报纸里对自己的赞美之词，然后揣在口袋里，这样，内心紧张的情绪就会减弱一点。每当有重大会议召开之前，林肯的内心都会紧张，这时，他就会从口袋里掏出剪报，鼓励自己。“将别人的鼓励随身携带，以舒缓紧张的精神”，林肯一直到去世都保持了这个良好的习惯。就在林肯不幸遇刺后，人们也从他的上衣口袋里发现了那些赞美他的剪报。

一位曾被紧张情绪困扰的人这样说道：“我过去性格非常内向，每天都感觉特别紧张，活得十分痛苦，虽然，我尽力伪装自己显得很正常，但是，我非常清楚自己的心境已经趋于病态，当逃避和伪装让自己不胜疲惫的时候，我终于选择了面对，心里越是害怕与人沟通，我就越要与人主动沟通；越是不喜欢人多的地方，我就越给自己创造机会来面对人群。在这种与自己抗争的艰辛历程中，我得到了前所未有的历练和成长。”其实，紧张的情绪对于我们来说并不可怕，只要我们鼓起勇气，就能够克服内心的恐惧，从而使自己变得优雅。

世界著名的男高音帕瓦罗蒂曾参加过无数次演出，仅在美国纽约大都会歌剧院，他的演出就达到了379场。但是，像这样一位世界著名的艺术家在每次登台的时候，也难免会产生紧张情绪。但是，为了使演出显得更加完美，帕瓦罗蒂必须克服内心的紧张情绪。

刚开始的时候，帕瓦罗蒂通过暴饮暴食来摆脱紧张的情绪，每一次上台演出之前，他都要大吃一顿，这样才能缓解内心的紧张情绪。但是，暴饮暴食使自己变得肥胖，而且医生也对他发出了最后警告："再这样吃下去，你将会有生命危险。"帕瓦罗蒂无奈放弃了这种方式，转而寻找另外一种摆脱紧张情绪的方式。后来，他开始依赖一枚钉子。原来，在帕瓦罗蒂的家乡，流传着这样一个传说：生了锈的弯钉子会给人带来好运。帕瓦罗蒂相信这一传说，以后在每一次的演出之前，帕瓦罗蒂都会在后台昏暗的灯光下寻找一枚弯钉子。如果在演出开始，他还没能够找到一枚弯钉子，那么，哪怕这场演出的报酬再高，帕瓦罗蒂也会拒绝出演。他的这一习惯，不仅得罪了无数朋友，而且导致美国芝加哥歌剧院永久地拒绝了他。后来，帕瓦罗蒂的这一习惯被慢慢传开来，那些承接帕瓦罗蒂演出的单位都会特意为他留一枚钉子。摆脱了紧张的情绪，帕瓦罗蒂完美地完成了每一次演出。

赛车的时候，在那瞬息万变的赛道上，每一次判断和决定都是在毫秒之间做出的，因此几乎所有的赛车手都有一个最大的通病，那就是紧张。舒马赫在赛车界中是数一数二的人物，然而，即使是这样一位大名鼎鼎的赛车手，他在每次比赛时也会紧张。于是，为了缓解自己的紧张情绪，在每一次比赛之前，舒马赫都会玩一玩电子游戏，这样他才能更加优雅地玩转赛车。

情绪启示

适当的紧张能够提高注意力，促使我们更好地完成工作，然而过度紧张会有很大的负面作用，降低工作效率，甚至酿成大错。虽然我们每个人都无法避免紧张情绪，但我们应该学会调节自己的心态，这样才能从容面对生活中的事情，时刻保持良好心态。在生活中，我们可以尝试很多方法缓解紧张。

1.降低对自己的要求

在生活中，要想克服紧张的心理，我们就应该努力把自己从紧张的情绪中解脱出来。心理学家认为，消除紧张心理，从根本上说是要降低对自己的要求。如果一个人十分争强好胜，每件事情都追求完美，那么常常就会感觉到时间紧迫，内心自然充满紧张。但如果我们能够清楚地认识到自己的能力，降低对自己的要求，凡事从长远打算，这样心情自然就会放松。

2.克服内心的紧张情绪

其实，紧张是每一个人都有的一种情绪。即使是伟大的人物，他们也未必能完全摆脱紧张的束缚。但是，只要能找到恰当的放松方式，我们就可以轻松地战胜内心的紧张情绪，最终赢得完美的胜利。

别压抑自己，有坏情绪不妨发泄出来

华盛顿·欧文说：“气度狭小就会被逆境驯服，宽宏大量则足以把逆境克服。”因此，我们要懂得接纳并调整自己的坏情绪。在日常生活中，我们常常会说到“发脾气”和“生闷气”，这两者之间有什么区别呢？发脾气，是指用语言、动作等显性行为将那些对某人或某事不满的情绪发泄出来，这是生气时的外在表现；生闷气，是指将那些不愉快的情绪压抑在心里，不外露，是生气时的内在表现。虽然，我们从字面上看，无论是“发脾气”还是“生闷气”都是生气，但是，它们的表现方式却大有不同，也将直接导致其后果的不同，或许，有人认为发脾气会伤了彼此的和气，但是，如果我们发泄的前提是为了对方好，那伤了和气又怎样呢？

小萌刚刚大学毕业，尚不懂得如何讨上司欢心，如何恰当地处理同事关系，但当她找到了第一份工作的时候，父亲这样告诉她：“丫头，公司不比家里，在家里，我和你妈妈都会让着你，你生气了可以砸东西，大哭，甚至大骂，但是，在公司是绝对不行的，凡事需要忍耐，这样你才能赢得上司和同事的喜欢。”小萌点点头，踏着欢快的脚步走进了公司大门。

可是，不到两个月，小萌的脚步就变得无比沉重了。似乎自己在公司真的做得很好，大到公司老总，小到清洁阿姨，都十分喜欢小萌，因为小萌的脸上时刻挂满了笑容，从来不生气，从来不指责谁。同事都忍不住夸赞小萌：“你的脾气真好，刚才这件事明明是主管自己疏忽了，他那样责骂你，你还满脸笑容，换了是我，早就和主管对骂起来了。”小萌笑着点点头，心里在想：我的脾气也不好啊，当时，我就想拿着文件朝他脸上砸去了。可是，这毕竟是公司啊，不是在家里，这里不是自己撒野的地方。于是，在这样每天都需要伪装笑脸、强忍怒火的环境中，小萌感觉到很累，每次回到家里，小萌都忍不住发泄一番，心中的苦闷不知道向谁诉说。终于，在忍无可忍之下，小萌拖着疲惫的身子走进了心理咨询室的大门。

其实，人生在世，我们难免会遇到一些不顺心的事情，哪怕是一家人，也免不了“锅碗不碰瓢盆”，于是，有人会在生气时发发牢骚，这是很正常的。在生活中，看不惯某些人和事，偶尔闹点情绪，或者埋怨、指责，这都不足为奇。而最不能让人接受的一种状况是，不声不响地将不满情绪憋在肚子里生闷气。生闷气是一种极坏的生活习惯，不仅消耗自己的精力，还会引发疾病，影响身心健康。在三国时期，周瑜一个人生闷气，结果白白断送了自己的性命。由此可见，喜欢生闷气的人不善于调节自己的情绪，在一定程度上缺少一些谋略。

其实，生闷气对我们的身体有极大的伤害。对此，专家建议，与其闷在那里自己和自己生气，不如宣泄出心中的不满情绪，懂得接纳生气的自己，努力调整自己的情绪，这样会更有效地减少外界环境对自己产生的不利影响。

情绪启示

在某些时候，该发脾气就发脾气，不需要压抑自己的情感，因为不适当地压抑，就有可能形成生闷气的习惯，结果会适得其反。不过，生活中的我们应该尽量做到少生气、不生气，如果真的到了怒不可遏的地步，那就干脆痛痛快快地发泄出来，这样有利于情感的释放，有益于身心健康。

1.别做好好先生

有一位被大家公认“好脾气”的人这样说道：“其实，每次看到令我感觉不好的人和事，我内心都相当地生气，但是，我极力克制自己，不断告诉自己‘要保持自己的形象，千万不要发脾气’，结果时间长了，我发现，由于心中不良情绪的郁积，我的脾气越来越大，一点小事就可以让我的情绪变得无比激动，可又不好当面发作，常常是事情过去以后，我还会气得砸东西。虽然，我是公认的‘好脾气’，但是好像我已经陷入了坏情绪的旋涡了。”也许，总有一天，这位“好脾气”先生会忍不住爆发，而到那时他自己也成了不良情绪宣泄的牺牲品。

2.发脾气比生闷气好

专家研究表明，发脾气比生闷气好。虽然在大多数人看来，发脾气有损自己的修养和形象，似乎这是一件极伤大雅的事情。但是科学家却公布了一项研究结果：当人感到气愤而想发脾气时，如果能够及时宣泄出来，会有利于自己的身体健康。生气、发怒并不是一件坏事，毕竟人有七情六欲，总不能强制压抑，这样怒气就会变成闷气，这样反而容易爆发。如果能够释放心中的怒气，发泄出不满的情绪，解除内心的烦闷，才会使身心感到轻松愉快。

寻找合理途径，将坏情绪宣泄出来

法国作家大仲马说：“人生是一串无数的小烦恼组成的念珠。”在日常生活中，烦恼、怨恨、悲伤、忧愁或愤怒等不良情绪都是常见的情绪反映，而闷气是坏情绪的内在表现。一个人生闷气的时候，实际等于整个人都陷入了不良情绪之中，容易产生孤独感和抑郁情绪。总而言之，坏情绪让一个人变得郁郁寡欢，因此，我们需要寻找让自己放松的方式。在电视剧《北京人在纽约》里，面临破产的威胁，失败的阴影来袭的时候，王起明一边开车一边高唱，获得了心灵上的暂时放松；在日本，每年都要举办一次呐喊比赛，那些情绪不满者向远处的大山大喊，以发泄心中的怒气。或许，对于每一个人而言，他们都有着不同的放松方式，但是我们最终的目的是赶走郁积在心中的坏情绪。

里根是一个性格温和的人，但是有时候他也会发脾气。当他生气的时候，就会把铅笔或眼镜扔在地上，然后很快就能恢复情绪。有一次，里根对侍从人员说："你看，我在很久以前就学会了这样一个方法：当你生气时，如果控制不住自己，不得不扔掉一些东西来出气，那么就要注意把它扔在你的面前，一定不要扔得太远了，这样捡起来就会省力很多，捡起了东西，心情自然也就放松了。"

其实，在很多时候，所谓的放松方式就是发泄心中的烦恼，无压力地宣泄不满情绪，将心胸放开，这样不仅会减少一些不必要的烦恼，而且避免了这样的不良情绪感染到其他人。有一位商人在谈到自己放松的方式时，他说："当我自知怒气快来的时候，就连忙不动声色地想办法离开，跑到自己的健身房，如果我的拳师在那里，我就跟他对打；如果拳师不在，我就猛力地锤击沙袋，直到发泄完自己的满腔怒火，整个人轻松下来为止。”愤怒是由于心理上失去了平衡，或者是自己的要求和欲望没能得到满足。因此，我们可以转移心境，寻找一种轻松的方式，怒火自然就会被浇灭了。

《吕氏春秋》记载了这样一个故事：

齐文王患了忧虑病，没能找到正确的治疗方式，时间长了，病情越来越严重，甚至到了卧床不起的地步。这时，大臣建议请名医来诊断病情，于是齐国派人到宋国去请来名医文挚给齐文王医治。文挚查看了齐文王的病情，判断出必须采取一定的方法来赶走病人心中的闷气，但是考虑到这样可能会激怒齐文王而惹来杀身之祸。对此，齐国太子向文挚保证，无论如何都会保证他的安全。于是，齐文王与文挚约好了看病的时间，但是文挚却连续三次失约，齐文王虽在病床上，却对此十分恼怒。

后来，文挚终于应约而来，但是他不脱鞋就上床，脚踩着齐文王的衣服问病，气得齐文王不搭理他。这时，文挚用粗话刺激齐文王，齐文王终于按捺不住，翻身起来就大骂，没想到，齐王的病却因此好了。

愤怒时的人会暴跳如雷，面红耳赤，实际上，这就是一种能量发泄。人们常说：“言为心声，言一出，心便安。”积极的能量发泄可以采取唱歌、怒吼等方法。另外，哭泣也是一种行之有效的方法，据调查，85%的妇女和73%的男人在哭过之后，心情就会好受一些。威廉菲烈博士说：“哭可以将情绪上的压力减轻40%，哭是健康的行为，值得鼓励。”

情绪启示

培根说：“无论你怎样表示愤怒，都不要做出任何无法挽回的事来。”美国前总统林肯如果在外面和别人生气了，回到家里就会写一封痛骂对方的信，当家人第二天要为他寄出那封信的时候，林肯会极力阻止：“写信时，我已经出了气，何必把它寄出去惹是生非。”坏情绪就像夏天的暴风雨，我们需要适当发泄，这样才能净化周围的空气，缓解心中的紧张情绪。坏情绪，只会让我们变得越来越抑郁，想要获得全身心的轻松，我们必须寻找一些轻松的方式，发泄心中的不满，驱赶心中的坏情绪，将自己解脱出来。

1.将心中的烦闷写出来

将心中的烦闷写出来，这也是一种自我放松的方式。一般情况下，写诗、写日记都能够有效地发泄郁积在心中的闷气，使情绪恢复到平静。而且，从心理学上说，适当发泄长期以来积压的闷气，可以减轻或消除心理疲劳，比起将坏情绪郁积在心中，将怒气发泄出来会更好，这样可以使我们变得轻松愉快。

2.合理宣泄不良情绪

如何面对心中的种种不良情绪？当然是合理地宣泄，放松自己。一位年轻女孩来到心理咨询中心，说道：“前两个月我被公司解聘了，心里很恼火，不愿意见人，整天就待在家里，憋得心慌，内心也变得越来越痛苦，有什么办法能够摆脱这样的处境呢？”心理医生这样建议：“你这样是不行的，时间长了就会变得郁郁寡欢，寻找一种让自己放松的方式吧。”

有了坏情绪，及时且委婉地表达出来

坏情绪积压在心中久了，就像即将迸发的岩浆，从里到外，都是滚烫的，很容易伤害到他人。在生活中，若不及时消除心中的坏情绪，将会对自己或他人造成巨大的伤害，尤其是对某个人形成的情绪。或许我们常常看不惯某个人的习惯，讨厌某个人的说话以及行为方式，而且出于颜面或自尊没有办法向对方说明，但是我们却不能制止心中那股“坏情绪”不断地滋长，直至最终爆发。事实上，每个人都欢迎不同的意见，相比较而言，人们更反感不声不响就生自己气的人。所以，如果你对某个人产生“情绪”，不要放在心里，试着用委婉的方式表达出来，化“坏情绪”于无形，才能更好地解决问题。

去年，王先生举家搬到了繁华的深圳市区，原以为以后的日子会越过越好，但是没想到由于孩子的教育问题，他时常与老婆发生矛盾，两人关系日益恶化。王先生性格比较内向，不善言辞，每次吵架都说不过能说会道的老婆，因此每次吵架之后，他就一个人到卫生间生闷气。

那天，王先生在家里等着儿子回家，等了很久还是不见回来，生气的王先生开始不由自主地埋怨老婆："看天这么晚了，孩子还没回家，都是你惯出来的。"老婆毫不退让，两人又吵了起来，不一会儿，从网吧回到家的儿子看见爸爸妈妈正吵得不可开交，索性躲进屋里玩电脑。吵了半天，两人都疲倦了，老婆不再搭理王先生，进了卧室躺在床上睡觉，王先生的气还没有消，他把自己关进厕所里闷头抽烟。他一边抽烟，一边思索，越想越生气，心中的怒气像快要喷出的岩浆，阻拦不住。

过了几小时，王先生突然从厕所里出来，气愤地大吼："这日子没法过了，还不如一把火烧了干净。"说完，王先生就摔门而去，过了好一阵子，他回来了，手中提着沉甸甸的汽油，吓得老婆孩子夺门而逃。不久，家中已经是浓烟滚滚，王先生站在屋门口放声痛哭了起来。

王先生对老婆有相当深的"坏情绪"，但是，他并没有委婉地表达出自己的意见，反而是短兵相接，导致两人的矛盾越来越严重，直至最后点燃了自己心中长久以来的“坏情绪”，火山终于爆发了，造成了悲惨的结局。其实，对他人生闷气不仅不能解决问题，反而会招致更严重的后果，特别是对于夫妻之间来说，更是如此。夫妻两人如果有什么矛盾，可以敞开心胸，吐露自己的真实想法。如果对方有某些行为让自己生气，我们也可以委婉地向对方表明，这样一来，矛盾弱化了，心中的坏情绪自然也就消失了。

老伯的老伴前不久去世了，他常常一个人闷闷地坐在那里，眉头紧蹙着，似乎总是在生气。如果有人跟他打招呼，他就会打开话匣子，开始说起自己的儿子、儿媳、女儿的种种不是。那些抱怨的话是别人不能接口的，只能静静地听，大家都感觉到，这是一个多么难相处的老人家啊！

有一次，老伯正在进行冗长的抱怨，旁人问道：“你有没有跟儿女诉说过你的这些不满呢？”老伯愣了一下，大声说道：“这还要跟他们讲吗？他们是做子女的，自己当然要知道父母的不满啊！只有那些不孝顺的，才需要别人讲。”旁人呆住了，老伯接着说：“他们要是没顺我的意思，我就不跟他们讲话，叫我爸爸，我也不搭理，这样一来，他们就会怕我，就不会不孝顺我。他们如果不怕我，就不会孝顺我，就会放我一个人自己住，那时，我就可怜了。”说着，老伯似乎露出一丝微笑："现在，我已经三天都不理他们了，媳妇叫我的次数比平时更多了。"

这的确是一个喜欢生"闷气"的老伯，在他那固执而又蛮横的逻辑里，似乎总是自己在跟自己生气。老伯没有赢得预期的对待，就开始用自己的情绪去勒索他人了。事实上，这是一种极为不恰当的做法，生闷气只会把自己推向孤立无援的境地。如果这位老伯能够委婉地说出自己的情绪和想法，对儿子、儿媳与女儿表达关心，那么一家人是可以和睦而温馨地相处的。

情绪启示

试着放下自己对他人的"情绪"，如果自己心中真的有什么想法，那就委婉地告诉对方，将自己的情绪感受如实地告知对方，这样对方才能清楚地知道你到底为什么而生气。而且，这样既可以解决与他人之间的问题，还可以化解心中的闷气，化坏情绪于无形，使自己的情绪回归平静。

1.不要生闷气

爱生闷气的人，他们更容易被消极情绪所影响，愤怒的情绪就像洪水一样，堵不如疏。心中有了闷气，我们就要想办法疏通，学会自我调节，生气时寻找合适的渠道，适当地表达自己的真实感受。否则，生闷气只会影响彼此之间的感情。

2.不要让小脾气积累为坏情绪

有时候，两个人之间生气，刚开始时可能大多是不满情绪或愤怒的“小气”，但是由于郁积在心中的矛盾一直没能得到解决，相互之间的关系变得越来越恶劣，结果使矛盾加剧。“小气”逐渐滋长为“大气”，甚至还会引发一系列悲剧。

向朋友倾诉，消解内心的负面情绪

有了烦恼、怒气，若不及时宣泄，必然会变成坏情绪，因此当自己愤怒时，或者在坏情绪郁积时，我们需要及时地将那些不满的情绪宣泄出去。当然，宣泄情绪的方式有许多种，向他人倾诉是其中一种行之有效的方式。一个人生活在这个世界，必然构建了一定的人际关系，有我们的家人，我们的朋友，我们的老师等，这些都可以成为我们的倾诉对象。在倾诉内心的烦恼时，他们会为我们分担一些坏情绪，彻底瓦解那些坏情绪的根源。可是在生活中，许多人面对他人谈论自己的事情却是讳莫如深，似乎伪装的面具就是坚强，无论自己多么烦恼，多么生气，也不愿向他人袒露，宁愿自己一个人死撑着。直到有一天闷气爆发时，朋友才惊讶：“原来他心中藏着这么多不为人知的秘密。”为了让自己不被坏情绪所吞噬，学会倾诉吧，向自己的家人、朋友、老师倾诉，他们会乐于为你分担的。

快到凌晨了，李太太家里的电话铃突然响了起来，李太太拿起电话说道："喂，你是哪位？"电话里传来了一个女士的声音："我恨透了我的丈夫。"李太太感到莫名其妙："我想，你打错电话了。"但是，对方似乎没有听见，依然继续说下去："我一天到晚照顾两个孩子，他还以为我在偷懒，有时候我想出去见见朋友，他都不让，自己却天天晚上出去，跟我说有应酬，鬼才会相信呢。"李太太打断了对方的话："对不起，我不认识你。"那位妇女生气地说："你当然不会认识我了，这些话我怎么能对亲戚朋友讲，到时候肯定会搞得满城风雨，现在我说出来了，舒服多了，谢谢你。"随后，那位女士就挂断了电话。

虽然，那位女士的做法显得十分荒唐，但是我们却从中发现，被不良情绪所困扰的人，其实很想把心中的忧愁和苦闷全部倾诉出来，哪怕对方只是一个陌生人。不难发现，每个人都有一种倾诉的欲望。有时候，心中的烦闷可能是关于隐私之类的话题，那怎么办呢？

李芳仅仅30岁的年纪，就独自经营了一家大型企业，或许在旁人看来，李芳已经获得了人生的成功。可是，又有谁知道李芳心中的苦闷呢？李芳的家里是属于男主内女主外的模式，老公在家带孩子，自己在外奔波。刚开始的时候，老公心中总是满怀愧疚，他常常告诉李芳：“老婆，你一个人太辛苦了，都怪我，没本事。”因此，老公对家里全身心地付出，包揽了家里所有的家务，不让李芳操心，这让李芳感到由衷的欣慰。可是好景不长，老公变得越来越懒，连家务都派遣给保姆，整日游手好闲。如果李芳说他一两句，老公就会反驳：“我一个大男人在家里多辛苦，出去放松放松，又能怎样？”这时，李芳就闭口不语，两人关系越来越恶劣。

每次回到家里，李芳都感到身心疲惫，满腔怒火，却找不到地方发泄。每到凌晨，老公还没回家，李芳就气得在家里砸东西，可是发泄过后，老公回家了，李芳就像没事一样。这样时间长了，李芳心中的坏情绪越积越多，作为公司董事长，她又不好在员工面前发脾气，只能憋在心里。偶尔想到了朋友们，她又不好意思开口，即使碰到朋友主动问道：“李芳，最近有什么烦心事吗？怎么看你脸色不太好？”李芳也总是推托两句：“没事啊，一切都挺好的，可能是工作太累了吧。”可是没过多久，朋友就听说了李芳自杀未遂的消息。听闻此消息后，大家都大吃一惊，怎么会这样呢？

有人说：“一个人如果有朋友圈子，就能长寿20年。”的确，向朋友倾诉内心的烦恼是排解坏情绪的有效方法。当自己有不良情绪出现时，有可能会越想越愤怒，越想越伤心，这时，若是能将自己心中的郁闷尽情地向朋友倾诉一番，在朋友那里寻求支持和解答，就能够获得心理上的平衡。

情绪启示

俗话说：“当局者迷，旁观者清。”或许，那些对于自己来说，不能解决的问题，在朋友的劝解之下，便会茅塞顿开，这样，心中的闷气就会得到最大限度的宣泄。对每一个深陷烦恼的人来说，朋友的倾听和理解才是最好的安慰。向朋友倾诉，不仅能使郁闷情绪得到消减，心灵得到沟通，而且在倾诉的过程中还能加深友谊，分享快乐。

1.坏情绪可以向朋友倾诉

英国思想家培根说：“如果你把快乐告诉一个朋友，你将得到两份快乐。而如果你把忧愁向一个朋友倾吐，你将被分掉一半的忧愁。”分担是一件有趣的事情，可以让我们的快乐加倍，让我们的痛苦减半。当你发现自己被怒气缠绕，而且无力摆脱的时候，千万不要让它憋在心中，要学会宣泄情绪，学会向知己好友倾诉心中的烦恼，让自己摆脱坏情绪的缠绕。面对不良情绪，唯有主动释放，理智宣泄，否则后果将不堪设想。

2.在好朋友面前可尽情宣泄坏情绪

朋友无时无刻不在我们身边。当我们需要他们的时候，当自己遇到了不顺心的事情时，都可以给朋友打电话，向他们道出内心的烦恼，甚至可以在朋友面前哭诉，尽情宣泄心中的不良情绪。事实上，在任何时候，知己都是我们心灵的伴侣，在朋友面前，又有什么可丢脸的呢？当然，向朋友倾诉自己的烦恼时，我们需要选择值得相信的朋友。

第 4 章

淡定面对，远离烦躁的情绪旋涡

一份好心情，就如同阳光雨露，能够使我们身心得到放松。而坏情绪的长期积压，会形成一种消极的心态，主要表现为容易生气、心情时好时坏等。多给自己一些阳光和微笑吧，让坏情绪远离我们。

生气，不过是一场情绪“感冒”

耶鲁大学组织行为教授巴萨德说：“有四分之一的上班族会经常生气。”如此看来，人们经常受到不良情绪的干扰，而且稍有不慎，情绪就会成为我们的主人。有人这样形象地比喻：“经常性地生气就好像不断地感冒一样。”在日常生活中，如果我们想要避免感冒的侵袭，通常的做法是做好防护，这样感冒病毒就不会传染到自己的身上。负面情绪与感冒一样，如果我们没能做好预防工作，无可避免地就会常常生气。因此，为了不让坏情绪传染到自己，我们应该做好一级防护。

爱德华·贝德福讲述了自己的经历：

十几年前，在美国最著名的石油公司，有一位高级主管做出了一个错误的决策，使公司亏损了两百多万美元。当时，洛克菲勒是这家石油公司的老总，而我则是这家石油公司的合伙人。事情发生之后，我并没有前往石油公司，但是我从侧面了解到，在公司遭到巨大经济损失后，那位主要责任人却一直在躲避洛克菲勒，企图躲过一劫。我感到事情不好处理，抱着对那位主管的责难，我走进了石油公司的办公室。

当走进洛克菲勒的办公室时，我正看见他在一张纸上写着什么，或许是听到了我的脚步声，洛克菲勒抬起头，向我打招呼：“哦，是你？我想你已经知道我们公司的损失了，我思考了很久，但是在叫那个高级主管来讨论这件事情之前，我做了一些笔记。”我点点头，心想应该计算一下那位主管所造成的经济损失，这样才有说服力。我走了过去，看了看那张纸，顿时，我惊呆了，那张纸上居然写着那位高级主管的一系列优点，其中那位主管还曾三次为公司做出过正确的决策，于是洛克菲勒在后面备注了这样一句话：“他为公司赢得的利润远远超过了这次损失。”

看完了洛克菲勒所记载的那些，我感到十分不解，向他质问道：“难道你打算原谅那位让公司损失200万美元的家伙？你难道对此不感到生气吗？”洛克菲勒并没有理会夹杂在话里的怒气，他笑着回答：“难道你觉得这样不合适吗？听到公司损失的消息之后，我比你生气，当时就决定解雇这位主管，但是，当我平静下来以后，发现事情并没有如此糟糕，经济损失可以下次再赚回来，而优秀员工的失去则是不可挽回的。”当然，那位主管最后并没有受到任何责备，我心中的怒气也消失得一干二净。

这件事情对爱德华·贝德福的影响非常大，以致后来，他在回忆这件事情的时候，还忍不住发出了这样的感慨：“我永远忘不了洛克菲勒处理这件事的态度，它影响了我以后的生活，我不再轻易生气，甚至面对怒气，我已经做好了一级的防护工作。”这一点并不假，所有贝德福手下的员工都可以做证，在经历这件事以后，贝德福的脾气出奇的好，几乎没有情绪波动的时候。

情绪启示

生气，是一个人由于自己的尊严或利益受到伤害而产生的冲动情绪，并且这样的状态很难一下子就冷静下来。对此，心理学家认为，生气是人的弱点，所谓的大胆和勇敢，并不是动辄生气，而是学会冷静思考，学会克制自己内心的冲动情绪。

1.学会冷静思考

阻止不良情绪的蔓延，就如同抵制感冒的侵袭，我们应该增强自身的抵抗能力，善于思考，努力使自己变得平和，这样，即使情绪怒气冲冲而来，我们也能将它阻拦在外，冷静处理事情。为了避免怒气的蔓延，我们需要学会冷静、思考，使自己在怒气来临时变得平和，这样才能有效地避免盲目冲动。

2.不断设想这件事的好处

如何才能做到冷静思考呢？对此，爱德华·贝德福这样说：“每当我克制不住自己冲动的情绪，想要对某人发火的时候，就强迫自己坐下来，拿出纸和笔，写出某人的好处。每当我完成这个清单时，内心冲动的情绪也就消失了，我能够正确看待这些问题了。这样的做法成了我工作的习惯，很多次，它都有效地熄灭了我心中的怒火，我逐渐意识到，如果当初我不顾后果地去发火，那我将付出惨重的代价。”贝德福有这样的习惯，其实是得益于他的经历。

负面情绪，往往是催生失败的温床

有人说：“人的一生就是同消极情绪做斗争的过程。”似乎这句话有点夸张，但如果你仔细一想就会发现，这话有一定的道理。这从另外一个方面说明，克服内心的消极情绪对我们人生的成功具有重要的意义。当然，如果我们总是容易生气，任由“负面情绪”不断膨胀，那么，本来应该成功的我们也有可能会发挥失常。

可能对大多数足球球迷来说，2006年的世界杯足球赛并不陌生。当时法国与意大利队进行决赛，在加赛的最后10分钟，由于受到对手的挑衅，法国著名球星齐达内突然情绪失控，用自己的身体冲撞对方球员，与此同时，他也得到了一张红牌，让自己的足球生涯画上了句号，还导致了法国队的失败。对我们来说，负面情绪是一个致命的阻碍，尤其是在即将获得成功的时候，我们很有可能会在负面情绪的影响下发挥失常。所以任何时候，我们都应该及时疏导自己的情绪，化解“负面情绪”，这样我们才有可能赢得最后的成功。

1965年9月7日，在美国纽约举行了世界台球冠军争夺赛。当时，闻名世界的台球选手路易斯·福克斯十分得意。他胸有成竹，因为自己的成绩遥遥领先于其他选手，只要正常发挥，自己便可登上冠军的宝座。

谁料，就在路易斯·福克斯准备全力以赴拿下整个比赛的时候，却发生了一件意想不到的小事：一只苍蝇落在了主球上。刚开始，路易斯并没有在意，他只是挥手赶走了苍蝇，然后就俯身准备击球。可是当路易斯的目光落回到主球上的时候，他发现那只可恶的苍蝇又停留在了主球上，路易斯皱着眉头赶走了苍蝇。这时，细心的观众发现了这一现象，不时发出阵阵笑声，大家都饶有兴趣地看着路易斯的一举一动，路易斯摇了摇头，再次俯身准备击球的时候，那只苍蝇好像故意与自己作对似的，它又落在了主球上。

就这样，路易斯与那只苍蝇一直周旋着，观众的笑声一浪接着一浪，似乎并不是在观看台球比赛，而是在看滑稽表演。此时路易斯的情绪显然已经恶劣到了极点，当那只苍蝇再次落在主球上的时候，路易斯终于失去了理智和冷静，他气得用球杆去击打苍蝇，却一不小心碰动了主球，对此裁判判定他为击球，路易斯因此而失去了一轮的机会。

在这场比赛中，约翰·迪瑞是路易斯的对手，本来约翰认为自己已经注定失败了，但是见到路易斯被判击球，约翰不禁信心大增，连连过关。而在台球桌的另一边，路易斯在愤怒情绪的驱使下，连连失利，最后约翰获得了世界冠军，路易斯失败了。

不过是一只小小的苍蝇，却击败了一个世界冠军，在愤怒情绪的驱使下，路易斯发挥失常，最终与成功失之交臂。我们在扼腕叹息的同时，不仅为此感到震惊。这就是愤怒情绪积压成“气团”的力量，它可以将我们阻拦在成功大门之外。

情绪启示

任何人的生活都不是一帆风顺的，遇到低谷时也无可避免地会产生负面情绪，负面情绪不仅会影响我们的身体健康，甚至还可能导致失败。对于负面情绪，我们应该敢于面对它，并适时地释放和排解，这样才能保持积极向上的状态，使生活中充满温暖明媚的阳光。

1.别让负面情绪干扰内心的宁静

生气就像一只乱飞的苍蝇，让我们内心失去原有的宁静，这时，我们有可能会对问题的判断失准，从而做出一些难以挽回的举动。所以，在生气的时候，要更加慎重考虑，否则将会带来一些麻烦，甚至导致整个计划的失败。

2.警惕负面情绪的连锁效应

只要生活在这个世界上，我们就会面对许多情绪，情绪似乎会影响我们的一切，有人说：“一切争吵都是从情绪开始的，一切纷争都来源于情绪。”其中，生气往往会引起更加强烈的反应，郁积成“膨胀”的负面情绪，甚至有可能产生连锁反应，最后导致“火山”爆发。

3.叫停、想一想、再去做

如果生气了该怎么办呢？最好的办法就是让生气的情绪停下来，让负面情绪消失，以一种平和的心态处理眼前的事情。如何克制内心的愤怒情绪？对此，心理专家向我们支招：“叫停、想一想、再去做，这三个步骤，是避免陷入怒火的最好方法。”

掌控自己的性情，避免被负面情绪绑架

每个人不过都是凡夫俗子，怎么会生出那么多的“负面情绪”呢？有什么值得生气的呢？一个人在生气时都有这样或那样的理由：受到了不公正的待遇会生气，受到他人的辱骂会生气，受到朋友的欺骗会生气，等等。只要一个人活着，他就免不了生这样或那样的气，但是很多时候，我们只是“拿别人的错误来惩罚自己”，本来犯错的就不是自己，何必要生出那么

多的气来？何必要抛弃开心呢？而且，生气既会损伤自己的身心，又会得罪朋友或身边的人。所以我们应学会为生活多增加一些阳光雨露，开开心心，不要被负面情绪绑架，因为充满怨气的天空是看不见美丽的彩虹的。

从前，有一个妇人，她心胸狭窄，总是为一些小事生气，每一次生气，她几乎都没有办法控制自己。长此以往，妇人的脾气变得越来越坏，为了改掉自己的毛病，妇人向一位大师求助。见到大师，妇人就把自己的苦恼一股脑儿全倒出来，大师听了，一句话不说，就把妇人带到了一个封闭的柴房里，然后把大门反锁了。妇人气得破口大骂，她一个人在漆黑的屋子里骂了很久，但是没有一个人理会她。妇人骂累了，她想到自己无论骂多久都是没用的，她又开始哀求大师开门，但大师还是无动于衷。

后来妇人沉默了，大师才来到了门外，问道："你还生气吗？"妇人回答说："我生气的是我自己，我真是瞎了眼，怎么会到你这种地方来受罪。"大师眼睛看着远处，说道："连自己都不原谅的人怎么能心如止水？"说完，拂袖而去。过了一会儿，大师又来了，问道："还生气吗？"妇人回答说："不生气了。"大师追问："为什么？"妇人无奈地回答："气也没有办法呀。"大师点点头，说道："但是，你的气并没有真正地消失，那气团还压在心里，爆发后将会更加激烈。”说完，大师又离开了。

当大师再次来到门前，妇人主动告诉大师：“我不生气了，因为这根本不值得。”大师笑着说：“还知道值得不值得，可见你心中还有衡量，还是有‘气根’。”妇人不解，问道：“大师，什么是气？”这时，大师打开了房门，将手中的茶水洒在地上，妇人想了很久，恍然大悟，向大师叩谢而去。

在大多数时候，生气并不能真正地解决问题，而且生气是一件不值得的事情，既然生气了不能解决问题，那何必不怀着一份明朗的心情来面对呢？积极乐观的心态或许会对解决问题有良好的助推作用，同时我们摆脱了“负面情绪”的打扰，重新获得了一份愉快的心情，这何尝不是一件美事呢？

情绪启示

哲人说：“生命的完整，在于宽恕、容忍、等待和爱，如果没有这些，即使你拥有了一切，也是虚无。”生活中本没有那么多的烦恼，而是生气太多，烦恼才会形成“气团”，从而使我们的生活开始不得安宁。如果你能仔细回想每一件事情，你会发现，原来上天也很眷顾自己，亲人一直陪伴左右，朋友也从未主动离弃。为什么一定要受坏情绪的绑架呢？

1.对负面情绪置之不理

负面情绪是一种奇怪的东西，如果你总是任由负面情绪横冲直撞，那么，乌云将笼罩整片天空；如果根本不在意它的存在，那么，美丽的彩虹会重挂天际。人生的快乐是享受不尽的，哪里还有多余的时间去生气呢？

2.生气是用别人的错误来惩罚自己

德国哲学家康德曾说：“发怒，是用别人的错误来惩罚自己。”或许，别人的错误是应该受到惩罚，但生气并不能达到惩罚他人的目的。既然错误在于别人，自己为什么要生气呢？

3.生气毫无用处

难道自己发了很大的脾气，对方就能受到惩罚吗？结果恰恰相反，气得大哭，红肿的是自己的眼睛；气得一个人喝闷酒，伤害的是自己的身体；气得丧失理性，疯狂购物，挥霍的是自己的钱财，其实，这都是对自己的惩罚。而且生气非但解决不了问题，反而会把问题弄得更加复杂。

内心越是脆弱，越是容易被激怒

塞涅卡说：“愤怒犹如坠物，将破碎于它所坠落之处。”容易被激怒是人性的弱点，受它摆布的往往是那些生活中的弱者，也就是那些内心脆弱的人，比如儿童、妇女、老人、病人等。事实上，在现实生活中我们也常常会看到类似的场面：小孩子因为一点点事情没有顺着他的心，他有可能就会坐在地上或者直接躺在地上哭闹；女人因为家中的琐碎小事，就大吵大闹，闹得不可开交；老人发怒的时候，几乎是用颤抖的手指着儿子说：“你这个不孝子”；那些身患重病或者被告知患了绝症的人，他们会在医院里处处与医生护士作对，只要稍不如意，就摔东西，大喊大叫。诸如此类的场面还有很多，纵观这些场景，我们会发现一个有趣的共同点，那就是，似乎那些脾气不好、容易生气的人都是内心脆弱的人，他们可能遭遇过不幸，他们也可能在社会上没有显赫的地位。对此，心理学家告诉我们：那些容易被激怒的人，往往是因为他们比较脆弱。

那么，你是不是一个容易生气的人呢？我们可以做一个小测验，看一下自己内心是否也有着看不见的脆弱。

下面几种自然界的水，你会比较喜欢哪一种呢？

A.惊涛骇浪般拍打着岸边的水

B.一望无际，平静辽阔的水

C.从高处骤然落下的瀑布的水

D.急流险滩，强劲奔腾的水

结果分析：

A：心里有话就藏不住，性格直接单纯，常常容易被激怒，容易冲动。在家人和朋友眼中，你是一个喜欢发脾气的人，不仅发泄愤怒的情绪，有时候还会“动武”。不过，坏脾气来得快，去得也快，熟悉你的朋友会知道如何与你相处，但是，陌生的朋友则有可能对你退避三舍。

B：修养较好，包容力强，平时不怎么会发脾气，遇到不公平的待遇，通常会一笑了之，似乎对方的怒火反而会满足自己本身的优越感。虽然不会轻易地生气，但是遇到自己不喜欢的人，还是会渐渐疏远他，不过对方会很难察觉到你的敌意。

C：不随便生气，可一旦生气就会天翻地覆，常常让人感到莫名其妙。在平时的生活里，你习惯将那些不满的情绪压抑在内心，很少向人说起，也没有合理的途径发泄出去。这样一来，情绪积压久了，性格就变得十分暴躁，一遇到不如意的事情，怒火就有可能被引燃，甚至歇斯底里。

D：性格阴沉，不随便生气，但是这并不代表脾气相当好，在大多数的时候，是遇到了不如意的事情隐忍不发，却暗自记在心中。对生气也是计划很久，故意让对方犯错，再抓住对方的把柄，细数对方的罪状，使对方百口莫辩，令人感到不寒而栗。

这样看来，似乎有三种人容易被激怒：第一，是那些内心十分敏感的人，他们的神经太脆弱，一点点小事就可以刺激到他们，即使有的事情在别人看来是微不足道的，但却总能引燃他们心中的怒火；第二，是那些自认为被轻视的人，他们的内心也是相当的脆弱，对他们来说，别人的轻视会令自己怒火中烧，所造成的后果将与伤害一样，甚至是有过之而无不及，因此，轻蔑肯定会激怒他们心中的怒火；第三，是自认为名誉受到伤害的人，他们十分害怕自己的名誉受到伤害，对他们来说，面对这种情况确实心中愤怒。

罗宾逊是一个农民的儿子，妈妈在他很小时候就离开了人世，村里的玩伴经常取笑他："你是一个没有妈妈的孩子。"他也受不了来自别人的怜悯，感觉那是赤裸裸的取笑，当有人好心地说道："这个孩子真可怜！"罗宾逊就会生气地说："我才不稀罕你的可怜。"说完，还用充满仇恨的眼睛盯着对方。

有一次，罗宾逊看到了一只蜜蜂在花丛中飞来飞去，就想把它抓住再揪掉它的翅膀。可是，没想到自己很倒霉，不仅没有抓到蜜蜂，反而被蜜蜂蜇了一下，过了一会儿，蜜蜂飞进了蜂巢，罗宾逊被疼痛激怒了，心想：就连一只小小的蜜蜂都来欺负我，我要让你知道我的厉害。罗宾逊发誓自己一定要报仇，于是他找来了一根棍子，朝蜂巢捅了几下，顿时一群蜜蜂飞了出来，向他扑去，蜇得他浑身上下都是伤痕。

内心脆弱的罗宾逊心中时刻有一团怒火，他见不得别人的怜悯，也不喜欢他人的挑衅。甚至，哪怕是一只小小的蜜蜂蛰了自己，他也会怒气冲冲地想要报复，然而在怒火的蔓延下，罗宾逊自己却吃了不少苦头。

情绪启示

卡尔多瓦说："人应当有一张用粗绳索编织的荣誉保护网。"对那些内心脆弱的人来说，似乎更需要一张保护自己的网，在这种心理中，坏情绪成了他们最常用的一张"网"，或许他们会觉得，只要自己生气了，就可以占据主动地位，可以给那些瞧不起自己的人以厉害的一击。所以坏情绪常常容易出现在他们最脆弱的时候，一旦他们被激怒，由于内心的脆弱，他们不想在愤怒中表现得畏惧，不想泄露内心的脆弱，同时也是为了避免自己受伤害，他们会努力在愤怒的同时给对方以蔑视。但如果他们在精神上保持自制，那么相对其他人来说，自己反而能够占有一定的优势。

1.充实自己的内心

一个人在愤怒时要忍住内心的怒火，以免给自己带来一些麻烦，不应恶语伤人，尤其是针对具体的人和事的时候。另外，在愤怒时千万不要揭人的伤疤，这样会更让人不可容忍。无论自己情绪上如何生气，但是在行动上千万不要做出太偏激的事情来。当然最有效的克制怒火的方法，是不断充实自己的内心，让自己不再脆弱，这样我们就不会经常被负面情绪包围了。

2.如何对待内心脆弱容易生气的人

要防止那些内心脆弱的人发怒、生气，我们可以采取这样两个方法：一是，在谈一件令他愤怒的事情之前，我们要选择恰当的时机，给对方良好的印象；二是，设法消除对方因受轻视而感到被侮辱的心结，我们可以将这种伤害归为误解、恐慌、激动等，或许我们还能找出其他的原因，尽可能地顾及对方脆弱的心理。

切勿让坏情绪伤人

脾气，是日常生活中经常碰到的心理现象之一。当然，人的脾气有好有坏，有的人脾气坏，遇事冲动，对一些不顺心或自己看不惯的事情，常常容易生气或怄气，经常与人争吵，说出一些使人难堪的话，影响正常的人际交往。相反，脾气好的人，无论到哪里，都会受到欢迎，大家都喜欢与这样的人合作、共事。有人对此做过一项调查，通过调查发现：绝大多数的青年男女在选择配偶时，都把对方脾气好作为要求条件之一。在一个家庭或集体里，如果有一两个脾气不好的人，常常会使这个家庭或集体不和谐。另外，坏脾气对我们的身体也有危害，试想，一个动不动就生气的人，他的心脏会经受得住刺激吗？所以，我们应学会克制自己的情绪，将坏脾气化成挑战力，为自己加油！

从前，有一只坏脾气的乌龟住在水池里，另外有两只大雁经常来水池里喝水，一来二去，坏脾气的乌龟和两只大雁成了好朋友。

后来，有一年干旱，水池里的水干涸了。乌龟没有办法生存，只好决定搬家，正巧两只大雁又飞来了，三个好朋友闲谈了起来，乌龟得知两只大雁将要去南方生活。它心中一动，不如跟着大雁一起去南方生活吧。可是，自己不会飞，怎么办呢？乌龟将自己内心的想法告诉了好朋友大雁，聪明的大雁找来了一根树枝，让乌龟咬着中间，两只大雁各执一端。飞行之前，两只大雁嘱咐乌龟："千万不要说话，一说话你就掉下去了。"说完，就扇动翅膀向蓝天飞去了。

大雁飞过了翠绿的田野，飞过了蔚蓝的湖泊，地上的孩子看见了，觉得这个组合很有趣。有孩子拍手笑起来："你们看呀，那只乌龟好滑稽啊！"乌龟本来还洋洋得意，听到孩子这样的嘲笑，心中大怒，想开口责骂那些调皮的孩子，可是，嘴刚一张开，它就掉了下去，碰在一颗大石头上死去了。一只大雁扇动着翅膀，叹气说："坏脾气是多么不好呀！"

坏脾气的乌龟最终因为自己的坏脾气而丢了性命。在现实生活中，我们也常常因为坏脾气而伤了和气，破坏了与身边人的和谐关系。总而言之，坏脾气不仅令自己苦恼，而且会给身边的人带来伤害。一个人的坏脾气，常常与娇生惯养、溺爱、得不到家庭的温暖以及父母要求过于严厉有关，另外，人生道路的平坦或坎坷，对人的脾气也会产生重大影响。虽说，一个人的脾气、性格有稳定的一面，但并不是说其脾气、性格是固定不变的。我们可以试着将坏脾气化作挑战力，努力改变自己的坏脾气。

有一个男孩，很任性，经常对别人发脾气。一天，他的父亲给了他一袋子钉子，并告诉他："你每次发脾气时，就钉一颗钉子在后院的围墙上。"第一天，这个男孩发了37次脾气，所以他钉下了37颗钉子，慢慢地，男孩发现节制自己的脾气要比钉一下钉子容易些，所以他每天发脾气的次数就一点点地减少了。

终于有一天，这个男孩能够控制自己的情绪，不再乱发脾气了。父亲告诉他："从现在起，每次你忍住不发脾气的时候，就拔出一颗钉子。"过了很多天，男孩终于将所有的钉子都拔了出来。这时，父亲拉着他的手，来到后院的围墙前，说："孩子，你做得很好，但是现在看看这布满小洞的围墙吧，它再也不可能恢复到以前的样子了，你赌气时说的伤害别人的话，也会像钉子一样在别人心里留下伤口，不管你事后说了多少对不起，那些伤痕都会永远存在。"

在生活中，每天都可能会发生一些不如意的事情，但是，这并不应该成为我们发脾气的借口。当自己想要发脾气的时候，应该做的第一件事就是尽量让自己平静下来，以理智的眼光去看问题，思考到底出现了什么事情，而不是乱发脾气，任由坏脾气爆发。

情绪启示

每一次发脾气说出的话语、做出的行为，都像那一个个被钉子钉出的小洞，再也不可能恢复到以前的样子了，那些伤害会像钉子一样在别人心里留下伤口，不管是事后说了多少对不起，那些伤痕将会永远存在。这就是不良情绪给我们身边的人带来的最大伤害。

1.看别人不顺眼，是自己修养不够

对坏脾气的人来说，看到别人总是感觉不顺眼，事实上，心理学家告诉我们：看别人不顺眼，是自己修养不够。一个人的优雅关键在于控制自己的情绪，坏脾气的人习惯于用嘴伤人，实际上这却是最愚蠢的一种行为。对于任何事情，我们都不要任由坏脾气而轻易做出否定，因为存在即有其合理性。

2.坏脾气，坏处多

现实生活中，许多人在生气或愤怒的时候，经常是脸红脖子粗，恨不得把自己心里所有的消极情绪都发泄出来；一到消沉的时候，就一蹶不振，自暴自弃，刻意贬低自己。这几乎是坏脾气的人普遍的日常表现。事实上，坏脾气带给我们生活的影响远不止这些。所以，我们要尽可能地克制住自己的激动情绪，让人与人之间的关系变得和谐而自然。学会换位思考，或者直接置身事外，将坏脾气化作挑战力，为自己加油呐喊！

第 5 章

呵护身心：小心压抑的坏情绪破坏你的健康

负面情绪往往给人们的身体带来各种不适，可以说是百病之源。比如，我们常见的心脑血管疾病、消化系统疾病等，都是一些负面情绪所导致的。当一个人长时间被负面情绪所环绕时，不仅不会感到幸福，身体还会出现各种问题。

呵护心理，将心理疾病屏蔽在外

随着生活节奏越来越快，来自社会各方面的压力也越来越大，由此而引发的心理疾病也层出不穷。在最开始的时候，人们并没有意识到心理疾病的危害性。人们只重视身体健康，却忽略了心理健康问题。实际上，比起身体健康，心理上的疾病对身体的伤害更严重。一般来说，身体上的疾病是可以治愈的，而心理上的疾病却难以医治，心理上的疾病会直接影响到你的工作、生活和学习。所以对每一个生活在激烈竞争环境下的人来说，学会呵护自己的心理健康，避免受到心理疾病的侵扰，这对未来的事业生活都是有极大帮助的。

许多人都有这样的问题，心理上的压力很大，却又得不到释放，这种压力主要是来自工作和生活。而且随着社会竞争越来越激烈，这样的压力会越来越大，几乎到了崩溃的边缘。近年来，因为承受不了生存的压力而选择自杀的人不在少数，究其原因就是心理疾病的困扰，更有甚者患上了抑郁症，失去了继续生活的勇气。因此，在现实生活中，我们不要忽视心理上的健康，只有保持身心健康才能扬起生活的风帆，走向人生的成功之路。

“老师承受的心理压力实在太大了！”这是一位老师喊出的肺腑之言。

有一次，考试结束后，章老师将一份全年级化学小测班级平均分的排名拿给与自己同场监考的王老师看。王老师所带班级的化学成绩一直不是很理想，这次小测，他所教的班级平均分不仅是最末，还比以前略有下降。第二场考试开始了，王老师叹着气与章老师走进考场。刚发完试卷，教室里突然传出了男性的歌声。“谁啊？”安静的教室里顿时炸开了锅，章老师和同学们一起搜寻那个破坏考试秩序的人。然而，师生们惊奇地发现，唱歌的居然是王老师。

王老师的行为让大家觉得既奇怪又好笑，随后有同学大声向王老师喊：“老师，别唱了”，章老师也把王老师拉到一边，劝他别唱了。可是，王老师似乎听不见任何人说话，依旧唱个不停。章老师急忙向校领导报告，并找来医生进行诊断。医生表示，王老师由于心理压力太大引发了失控行为。

而一位女老师也发生过类似的状况，“我教学能力这么强，人又长得漂亮，为什么领导不重用我？”在办公室里，老师们都在忙着备课批改作业，她却突然蹦出这么一句话，让同事们感到莫名其妙。有老师说，每次考试结束，校领导把全区其他学校的成绩领回来比较的时候，那个女老师都十分紧张，然后就吃不下饭了。有时候能看见她在操场上走着，嘴里还念念有词。

以前，大家都会认为教师是一个比较轻松的职业。但社会舆论普遍认为学生学不好，责任大部分都在于老师，导致老师所承受的压力也非常大。而且随着这些年进行大规模的课程改革和教材更新，尤其是一些年纪较大的老师已经感觉到“力不从心”，难以适应，加上自身心理调适能力较弱，就可能产生心理问题或者心理疾病。

情绪启示

由于现代人普遍工作节奏快、竞争激烈、心理压力大，抑郁、焦虑和强迫已成为人们主要的心理疾病。为此，专家呼吁，人们应加强对自身心理健康的关注和重视力度，建议每年做一次“心理体检”，把心理疾病的危害程度降到最低。面对心理疾病，要舍弃听之任之，一定要及时进行疏导，进行心理上的调节，必要时可以向心理专家进行咨询，以此保持自己心理的健康。

1.小心情绪会转变为心理疾病

据调查，现代人中产生心理问题和疾病的人群急剧增加，患精神疾病的人数几乎超过了心血管病，跃居疾病患者的首位。社会各阶层的人都有心理上的困扰，如果不及时调节，久而久之就会产生心理疾病。

2.注重心理健康

都市白领在紧张的工作中可能会患上心理疾病，遭受了情感挫折的、贫困家庭难以承受生活的重压时也极有可能引发心理疾病；商界精英面对事业受挫，其心理因失败的打击长期处于一种失衡状态中，又不能自我调节，就有可能诱发精神障碍、抑郁症、孤独症等心理疾病。

事实上，一些竞争比较激烈、担负重大责任的行业里，存在很多被心理疾病所困扰的人。因此，心理健康不容忽视，心理上的健康与身体上的健康一样重要。

内心被负面情绪占满，会损害身体健康

卡耐基曾说："一个损失了健康的人，就算他赢得了全世界，也不能算作真正的成功人士。即使他拥有全世界，每晚也只能占据一张床，一日也只能享用三餐。一个挖水沟的人，甚至还可以睡得更安稳，吃得更香，我宁愿做一个普通的农夫，闲来能够悠然弹奏五弦琴，也不愿意成为企业家，45岁不到就因为忙于管理而自毁健康。"现代人越来越焦虑，内心隐藏着一种恐惧，既担心自己的生存状况，又惧怕生老病死，其实这就是典型的负面情绪。

他是美国棒球名将，曾长期遭受压力的困扰，后来他摆脱了焦虑症，停止了没有理由的恐惧，这使他变得既长寿又健康。

他这样回忆道：“刚开始打棒球的时候，根本没有钱可挣，而且常常被空罐子或马具绊倒，等到球赛结束了，我们就用空帽子向观众收点小费，以补贴家用，养育幼小的弟弟妹妹。但那点钱是绝对不够的，有的球队就只靠草莓充饥。各种压力令我感到焦虑，我是唯一连续7年末位的棒球队经理，也是8年里唯一输过800场的棒球队经理。以前一连串的挫败令我焦虑到不吃不喝，但是，后来我决定不再焦虑了，如果不是当时立刻停止忧虑，我早就躺在棺材里了。”

在受压力困扰的日子里，他发现压力对自己毫无益处，只会危害自己的事业，而且会危害自己的健康。后来，他逐渐发现了克服焦虑和恐惧的方法：忙着为未来赢球作策划，没有时间去焦虑和恐惧已经输了的球局；绝不在球赛结束后24小时内批评球员的失误。

原来他以前总是叫球员来训话，后来他逐渐发现，如果已经输了球，责备和争论都没有意义了，只会增加自己的焦虑和恐惧。于是他决定输球之后，绝不马上去看球员，要到第二天再跟大家讨论失败的原因。这样到了第二天，他已经很平静了，这样看来那些失误好像没有那么严重，他可以冷静地讨论。这样过了一段时间，他发现内心的焦虑和恐惧已经慢慢消退了。甚至他认为，自己长寿的秘诀就是“停止焦虑和恐惧”。

焦虑和恐惧这样的负面情绪给我们生活所造成的影响是不容忽视的，与其花费大量的精力和心思去焦虑和恐惧，不如好好经营自己的生活，把精力和心思转移到生活上来，这样自然而然就摆脱了焦虑和恐惧，从而获得一种轻松而美好的生活。

何谓闷气？它是由于心中郁闷，而憋在心里的气，是一种无奈、没办法的表现。古人曰：“百病之生于气也。”常言道：“怒伤肝，忧伤肺”，那些郁积在心中的不良情绪使内脏活动紊乱，内分泌系统失常，胃口不佳，消化不良，而且长时间的烦闷还会导致血压升高，甚至导致冠心病。另外，从心理学上说，生闷气是一种不愉快的情感体验，它是一种消极的，甚至会破坏正常心理状态的情绪反应。一个人若是情绪恶劣，其记忆力将会减退，思维能力也大受影响，同时，喜欢生闷气还会影响人的正常人际交往。

有时候，我们根本没有想过身体的疾病会跟情绪有关，事实上，郁积在心中的负面情绪常常会成为我们身体疾病的根源。一位长期被负面情绪所困扰的人说：“我感觉很孤单，很堕落，心中像压了一大块沉重的石头，压得我快喘不过气来，什么时候才能将这块石头清除，它憋在我心里，憋得我快要疯了。”现代社会竞争激烈，工作和生活压力都非常大，这不仅影响家庭关系、同事关系、朋友关系，如果自己不能妥善处理这些矛盾，那些不断膨胀的负能量就会危害我们的身体健康。

情绪启示

卡耐基认为，负面情绪，诸如焦虑和恐惧是现代社会普遍存在的心理疾病，它源于工作压力、人际关系、经济问题、孤独以及交通阻塞。每天，我们都要面对各种各样的生活压力，可能或多或少都有过焦虑和恐惧的经历，然而，可能许多人都没有意识到长期的焦虑会引发抑郁症，这不仅会给我们的健康带来损害，还会影响身边的人。

忧虑是健康的大敌

情绪是生命的指挥棒，更是健康的寒暑表，正所谓“笑一笑十年少，愁一愁白了头”，这绝对不是空穴来风的俗语。在现代社会中，越来越多的人正在用他们自身的实际案例诠释着情绪与健康的紧密联系。可以毫不夸张地说，坏情绪是摧毁健康的定时炸弹。愉悦的心情，会让人们心境开阔，工作生活顺顺利利；而饱受嫉妒、孤独、抱怨、愤怒等一系列坏情绪侵蚀的人，经常难以进入洒脱豁达的境界。而且这些可怕的坏情绪，还会让原本自信的人心理失衡、身体虚弱，诱发各种身体疾病。假如我们想要掌握生命的主动权，就一定要及时清除潜藏在体内的不良情绪。

葛伯是圣太菲铁路公司的医药主管，其正式头衔是海湾区科罗拉多州和圣太菲医院协会的首席医师。作为医生，葛伯经常会接触到一些因忧虑而引起身体疾病的患者。他解释说：“其实，到医院看病的人中，绝大多数只要想办法消除内心的忧虑和恐惧，他的病自然会痊愈。当然，他们的病并不是不存在的，实际上他们的身体疾病是因忧虑导致的，诸如一些神经性消化不良、某些胃溃疡、心律不齐、失眠、头痛，以及某些麻痹症等，都是因忧虑和恐惧引起的。比如胃溃疡是怎么形成的？恐惧会令人忧虑，忧虑使人紧张，最后影响到人的胃部神经、胃液分泌紊乱，最终就会引起胃溃疡。”

在美国南北战争即将结束的那段时间，大卫将军亲身经历了一些事情。

当时格兰特将军率领的军队围攻里士满已经长达九个多月，守卫里士满的李将军所带领的整个军队士气涣散，身心疲惫，士兵们几乎到了衣衫褴褛、食不果腹的地步。有些士兵开始痛苦地在帐篷里开祈祷会，甚至有的士兵看到了种种幻象，他们似乎看到战争快要结束了，就开始放火烧毁里士满城里的棉花及烟草仓库、军火库，然后趁着烟雾升腾之时连夜弃城逃跑。格兰特将军乘胜追击，分别从左右两侧和后方夹击南部联军，命令骑兵队阻绝补给线。

由于剧烈头痛而眼睛半瞎的格兰特将军无法跟随大部队，就在一家农舍住了下来。他在那里度过了一个夜晚，将双脚泡在加了芥末的冷水里，而且将芥末药膏贴在自己的两个手腕和后颈上，希望第二天早上起来就不会头疼了。当然，格兰特明白，这些症状都是因为忧虑、紧张和不安才产生的。

第二天早上，一个骑兵带来了一封南方军队将领——李将军的投降信，格兰特马上就恢复了健康，这当然不是芥末的功劳。事实上，直到那位送信的骑兵来到农舍时，格兰特依然感觉头疼。然而，就在他看完信，想到即将到来的胜利，他的病马上就不治而愈了。

情绪启示

究竟是什么导致了人们情绪上的疾病？我们无从知晓全部答案。不过，大部分的情绪疾病是源于内心的恐惧和忧虑。一个人内心的焦急和烦躁大多源于其无法适应现实社会，他们努力逃避周围的环境，将自己封闭到一个人的世界里。结果，在自我幻想的小天地里，他们依旧遭受着忧虑的困扰。

1.忧虑是健康最大的敌人

爱德华·波德斯基医生的《除忧去病》一书中提到：忧虑

对心脏健康会产生负面影响，忧虑会诱发高血压，忧虑可能会导致风湿病、胃溃疡，忧虑容易引起感冒，忧虑可以导致甲状腺疾病、糖尿病等。

2.忧虑甚至会导致关节炎

或许，没有人会相信，忧虑还会使人患上风湿病、关节炎，甚至使人以轮椅代步。对此，世界著名的关节炎治疗权威——康奈尔大学医学院的罗素·西基尔博士——就指出了四种最容易患关节炎的情况：第一，婚姻破裂；第二，财富危机；第三，孤独和忧虑；第四，无法消除的积怨。

爱生气，就为患病埋下了祸患

坏情绪是各种癌症的温床，对女人而言，坏情绪更容易诱发乳腺癌。一个人总有七情“喜怒忧思悲恐惊”，喜悦的情绪会让人身心健康，而愤怒和忧虑对身体都会有不同程度的伤害。据专家介绍，乳腺癌的高发年龄应该是45~55岁，但近几年，20多岁的乳腺癌患者却不少见，其中很多都是职场女性，其中有一个重要的诱因就是情绪。“心”是情绪的主宰，它统领着人的喜、怒、忧、思、悲、恐、惊七种情绪。在生活中，每个人的身体里，都有一张关于情绪的图，其中如悲伤、失望、忧郁、痛苦、憎恶、恐惧等，这些都是异常情绪的表现，并且都可能因为宣泄不畅而化作心火，影响人们的身体健康。

也许，我们平时也会注意到，当情绪发生变化的时候，总会伴随着一系列生理变化的发生。比如，当一个人害怕的时候，他的瞳孔会变大、口渴、出汗、脸色发白；当一个人情绪低落的时候，他甚至会越来越厌恶自己，觉得穿什么衣服、怎么打扮都不顺心。

好莱坞女明星安妮拒绝被忧虑侵蚀，因为她认为忧虑会摧毁自己的美貌，以致毁掉自己的演艺事业。

安妮刚步入影坛时，既忧虑又恐惧，那时她刚刚从印度回来，在伦敦举目无亲。她开始慢慢见了一些制片人，不过都被婉拒了，而她仅有的积蓄也即将用完。有一段时间，她仅靠着一点饼干和水充饥，整整挨过了两个星期。当时她所感受到的不仅是肉体的饥饿感，还有内心的恐惧感。

她站在镜子面前，对自己说："你这个傻瓜，除了有一张漂亮的脸蛋，还有什么呢？像你这样毫无经验，从没演过戏的人永远只能徘徊在电影的大门之外。"当她认真地观察镜子里的自己时，发现自己竟然开始苍老了，眼角有了皱纹，一脸的忧愁。难道忧虑已经在摧毁我的容貌了？于是，安妮对自己说："你现在必须停止忧虑，你剩下唯一的资本就是容貌了，如果继续忧虑，总有一天会连美丽的容貌也没有了。"

没有什么比忧虑更能加速面容的苍老，因为当一个人满脸忧虑，愁眉苦脸时，不仅表情丑陋，而且会咬紧牙关，脸上也会出现皱纹。严重者会加速头发变白，甚至脱落。

美国研究人员通过实验研究发现，精神压力会造成细胞和乳房组织的改变，这增加了女性患乳腺增生或乳腺癌的风险。女性压力过大、精神紧张会使身体的内分泌紊乱，同时女性性格也是一个关键的因素，过于内向，凡事闷在心里的女性，或者脾气过于急躁，易怒的女性也同样会干扰到内分泌系统，增加患乳腺癌的风险。

情绪启示

医学专家明确指出：不同的坏情绪对应着不同的生理变化和身体疾病，坏情绪如同埋在身体里的一颗不定时炸弹，随时可能危害健康。尽管吸烟、酗酒、饮食不当会危害健康，但不良情绪对人体健康的影响更严重。相关统计显示，健康和长寿有20%来源于遗传因素，25%来自周围环境的影响，5%来自医疗条件，其余的50%完全掌握在自己手中。也就是说，我们的健康有50%是由自己的精神状态和选择的生活方式及习惯决定的。现代医学研究发现：各种疾病中，有70%的病属于身心疾病，也就是说和人的心理情绪有直接关系。

1.不要为明天而忧虑

威廉·奥斯勒博士曾说：“生活在独立的方格中，不要为明天忧虑，只需要珍惜今天。”假如你真的这样做了，那就可以避免忧虑。“不会应对忧虑的人大多数会英年早逝”，我们要经常告诉自己，忧虑会损害自己的健康。

2.尝试卡耐基的魔法方程式

如果你不希望生活中那些烦恼困扰自己，那可以试试卡耐基的魔法方程式。首先，我们要问一问自己，假如我无法解决自己的问题，那所能造成的最糟糕的情况是什么？其次，假如有必要的话，自己需要坦然接受最糟糕的情况，即便它没有发生；最后，既然你已经接受了最糟糕的情况，那就静下心来思考解决问题的方法。

压抑情绪同样对健康有害

每天，我们都可能面临着生活中的愉快、悲伤、愤怒和恐惧。但是，这样的和情感往往是短暂的，哪怕是负面的情绪，痛苦之后，强烈的体验也就随着刺激的消失而消失了。可是如果那些焦虑和忧愁长期存在，就会使人惶惶而不可终日，由不良情绪引起的生理变化也长时间不能恢复。其实，长期压抑的情绪对人的身体健康是有很大影响的，紧张忧虑的情绪不仅影响生活的质量，还会给身体带来更大的伤害。

长期压抑的情绪比生气更容易伤害自己的身体，抑郁一段时间以后，你会发现身体出现诸多不适，不仅给自己带来了心理上的疾病，还引起了身体上的疾病，这根本就是得不偿失。所以，当自己产生不良情绪时，一定要通过正确的渠道释放出去，舍弃压抑自己的生活和思考方式，获得心理和身体上的双重健康。

小曼最近心情十分抑郁，因为她发现以前老把“爱”挂在嘴边的老公有了外遇。刚开始知道这个消息的时候，她觉得天就要塌了。自从结婚之后，小曼就辞去了工作，在家里相夫教子，把重心也放到了孩子身上，忽视了打扮、学习，也忽略了老公的感情，自己也变成了黄脸婆。

之后，她的心情就一直很压抑，很低落，对未来生活没有了希望和期盼。她觉得完全失去了生活的勇气，天天跟自己在一起的老公都可以背叛自己，那还有什么值得依靠呢？前些日子，她突然觉得烦躁不安，手心出汗，浑身不自在，什么也听不进去，什么也看不进去，濒临崩溃的状态。好朋友来看她，小曼也不好意思把真相告诉朋友，觉得这是家丑。前两天去医院例行检查，却发现自己患上了慢性浅表性胃炎。小曼心情糟透了，精力严重透支，她也不知道自己该怎么办？

小曼一直压抑自己的情绪，但那些恶劣的情绪已经影响到了自己的身体，也破坏了生活的质量，最终因为不良情绪压抑得太久患上了疾病，给自己身体带来了严重的伤害。也有不少人觉得自己与家人的相处比较压抑，即便自己对家人有什么不满，也总是强忍着，告诉自己不要跟家人计较，尽量不生气，但是这样的情绪压抑久了，很难保证自己会做出一些冲动的行为。所以对于那些不良的情绪，要通过正确的渠道来释放，这样才有益于身心健康。

情绪启示

众所周知，女性的寿命普遍比男性更长，除了职业、生理、激素、心理等各方面的优势条件，女性喜欢哭泣也是一个重要的因素。因为哭泣对女性来说，这是一个释放不良情绪的渠道。哭泣之后，在情绪强度上就会减低40%，如果不能释放情绪压力，就会影响到身体健康。

1.强忍着眼泪等于“自杀”

强忍着眼泪就等于“自杀”，可是，哭泣的时间不宜超过15分钟，否则也会对身体有伤害。当然，眼泪并不是唯一释放情绪的途径，网络游戏也是一种释放压抑情绪的方法。许多上班族忙碌了一天，总希望能通过一件愉快的事情来释放自己压抑的情绪，而游戏就成了一个巧妙的出口。释放情绪的方法有很多，不同的人会选择不同的途径去释放自己的不良情绪。

2.通过合理且正常的途径发泄情绪

可能有人觉得，既然不压抑自己的情绪，那就随处释放，不管是同事还是朋友，一股脑儿向对方发泄。压抑的情绪确实需要释放，但前提是要通过正确的渠道，而不是无所顾忌地就随处释放出来。有的人喜欢运动，有的人喜欢通过参加休闲活动来放松心情，有的人喜欢听歌看小说，有的人选择睡个好觉。其实，无论是哪种途径，只要能顺利地释放不良情绪，都是值得尝试的。因此，面对不良情绪，我们应舍弃压抑的方式，选择正确的释放渠道，保持自己身心健康的状态。

第 6 章

堵不如疏，
及时将坏情绪从内心释放出去

成功大师卡耐基认同一句话：“如果你背后有阴影，别担心，那是因为你前面有阳光。”事实上，在这个世界上，绚丽多彩的阳光分布从来都是不均匀的，在许多不为人知的角落，或许只有阴影和阵阵寒意。只要我们有效控制住自己的情绪，便会有更多温暖的阳光照进自己的生活。

淡定从容，防止坏情绪的侵扰

在酷热炎暑之时，白居易拜访得道高僧恒寂大师，见禅师安静地坐在闷热如蒸笼的禅房内，却并不像其他人那样汗如雨下。对此，白居易很受震撼，作诗曰：“人人避暑走如狂，独有禅师不出房。可是禅房无热到，但能心静即身凉。”禅师的心境已经变成如水一样的屏障，无论面对酷暑，还是不如意的事情，他都安静地坐着，任何坏情绪似乎都影响不到他，这才是真正虚怀若谷的境界。辽阔的大海，平静的水面一望无垠，若是向大海里投入石头，无论多大，似乎都激不起半点浪花，它还是那么平静，这就是大海的心境。同样的道理，一个人，要想自己能够克制内心的坏情绪，我们需要有像大海一样心境。

白隐是一位修行很高的禅师，不管面对他人的什么评价，他都不过是淡淡地说一句：“就是这样的吗？”

在白隐禅师居住的寺院旁边，住着一对夫妇，他们有一个漂亮的女儿。有一段时间，夫妇俩发现自己女儿的肚子大了起来，像这种见不得人的事情，怎么会发生在自己家里呢？

夫妇俩十分生气，他们严厉地逼问自己的女儿："到底是谁的孩子？"女儿在父母的再三追问之下，终于吞吞吐吐地说出了"白隐"两个字。夫妇俩听了，马上怒不可遏地去找白隐理论，白隐大师听了，不说话，既不为自己辩护，也不生气，只是心平气和地说："就是这样的吗？"于是，那个孩子生下来后，夫妇俩就将孩子抱给了白隐，让白隐禅师的名誉扫地，但是，白隐并不生气，他的内心似乎就像平静的湖面，没有激起半点浪花。每天白隐都会细心照料那个孩子，有时候他向邻居乞求婴儿所需要的奶水和其他生活用品，都会遭到邻居的白眼，甚至是冷嘲热讽，但是白隐大师依旧泰然处之，仿佛就是在照顾自己的孩子。

一年过去了，夫妇俩的女儿还没有结婚，她终于不忍心再欺骗下去了。有一天，她向父母吐露了实情：白隐不是孩子的父亲，孩子的生父是住在同一栋楼的一位青年。夫妇俩立即将女儿带到白隐那里，向他道歉，请他原谅，并将孩子带回家。白隐依然平静如水，只是在交回孩子的时候，他轻声说道："就是这样的吗？"仿佛什么都不曾发生过一样，即使有，也像那波光粼粼的水面，微风吹过，又回归了平静。

古人曰："无故加之而不怒，猝然临之而不惊。"在生活中，无论我们遭遇了怎样的指责和非难，我们都应该像白隐大师一样，随时保持平静，禁得住怒火的挑逗，任何事情总会显露出它本来真实的面目，我们所需要做的就是等待。而且时间过去，怒火也就平息了，好似从来不曾发生过什么一样。在我们身边，经常会发生这样或那样的误会，有时候就是小事一桩，时间长了我们也就忘记了，何必一定要让波涛汹涌打破平静的水面呢？

面对他人有意或无意之间所造成的错误，如果我们心中充满了怒气，甚至希望别人能遭遇不幸或惩罚，实际上，我们已经失去了平日那种轻松的心境和快乐的情绪。

情绪启示

一位老妇人在50周年金婚纪念日那天，向来宾道出了自己保持婚姻幸福的秘诀。她说："从我结婚那天起，我就准备列出丈夫的10条缺点，为了我们婚姻的幸福，我向自己承诺，每当他犯了这10条错误中的任何一条的时候，我都不会生气。"有人好奇地问："那10条缺点到底是什么呢？"老妇人回答说："老实告诉你们吧，这50年来，我始终没有把这10条缺点具体地列出来，每当丈夫做错了事情，气得我直跳脚的时候，我马上提醒自己：算他运气好吧，他犯的是我可以原谅的那10条错误当中的一个。"如水一样平静的心境不仅能为我们带来美满幸福的婚姻，还可以宽慰自己的内心。这样一来，幸福快乐的生活还会离我们远吗？

1.坏情绪害人害己

一位已婚的女士这样说："我脾气很坏，常常容易生气，有时候会因为老公的脸色而郁闷，甚至不安于平静，总是想弄出点响动，闹过了吵过了，最终却把自己搞得伤痕累累，伤了自己，同时也伤了别人。"显而易见，恶劣的坏情绪既伤害别人又伤害自己。

2.学会修炼自己的内心

学会修炼自己的内心，让它变得像水面一样平静，我们所能做的就是努力克制自己的情绪，做情绪的主人。

内心洒满阳光，让负能量一扫而光

卡耐基说："不论压力有多大，每个人都能坚持到夜幕降临；无论多么艰难，每个人都能尽力完成一天的任务。在从太阳升起到落下的一天里，我们都能够真诚愉快地面对生活，这就是生命的真谛。"如果我们的心向着阳光，那还会给阴霾天气可乘之机吗？一旦我们拥有了阳光的心态，那就会彻底地摆脱负能量。其实，一个人自身内心的负面情绪、心理、思想等，如嫉妒、陷害、攀比、贪婪、懒惰，这些因素都会使人们产生负能量。因此，我们要学会控制自己的负面情绪、心理，避免将内心那些不愉快的情绪转化为负能量，否则只会给自己身心带来诸多的伤害。

安迪年轻时在某钢铁公司打工，有一次他被派往一个远处的客户公司装配两台煤气结晶器，以清除杂质，使煤气完全燃烧并减轻引擎磨损。其实这种清洗煤气的新方法只是在第二次应用于工业生产，技术还不够成熟，出现了许多意想不到的问题，安迪经过了反复调试之后，机器虽然可以勉强运转，但并未达到设计效果。

当时的情况令安迪感到震惊，他遭受了多年以来少有的重大打击，内心糟糕的情绪使得他肠胃痉挛，疼痛难忍，在很长一段日子里，他都寝食难安。经验告诉他，那些滋长在体内的负能量会越来越多，经过一番思考，安迪终于想到了一个既可以解决问题，同时又可以消除负能量的办法。

安迪的方法分为三步：

第一步，坦然分析自己所面对的最坏结局，即便是彻底失败，老板会损失20000美元，自己可能会丢掉工作，不过完全不至于去坐牢或者被枪毙。

第二步，鼓励自己接受这个最坏的结果，虽然自己的人生履历上会出现一个污点，不过自己还能找到新的工作。至于老板，他们也认识到这是在试验期，损失的两万美元还付得起，权当付了实验经费。接受了最坏的结果之后，他反而一身轻松，心平气和。

第三步，他开始把时间和精力投入改善最坏结果的努力中去。他尽可能地想一些补救办法，减少损失，经过几次试验，他发现如果再花5000美元买一些辅助设备，就可以解决问题。于是，老板按照安迪所提出的做，结果公司非但没有损失那20000美元，反而赚了15000美元。

最后安迪补充说："要是当年我一直担心下去的话，恐怕永远不可能获得这样圆满的结果，因为负能量的最大恶果，就是毁掉一个人的专注力，负能量会让人思维混乱，无法做出正确的决定。然而当我们迫使自己做最坏的打算，在思想上做好接受最坏结果的准备时，我们就能轻松掌控全局，因为真实的结果不会更糟了，这样我们就处于心理上的优势地位，可以心无旁骛地解决问题了。"在后来的几十年，安迪一直采用着这个摆脱负能量的方法，结果他在生活中很少看到忧虑和烦恼的影子。

情绪启示

生活中，许多人遭受着负能量的影响，却不知负能量究竟是如何侵入自己内心的。其实，一方面是因为人们没有清楚地意识到它的存在，另一方面是因为人们没有意识到它带来的影响。不过，假如我们没有摆脱负能量的正确方法，那即便是认识到这样做的重要性也会束手无策。那么有没有办法阻止负能量的产生，而且防止它累积起来阻碍我们追求想要的生活呢？

1.能量守恒定律

根据能量守恒定律，能量不会凭空产生或消失，它只能转化为其他形式或转移至另外一个物体，不过能量的总量是不变的。正能量是一种健康乐观、积极向上的动力和情感，然而，现代社会的快速发展使得越来越多的人开始感觉到正能量不足，他们开始愤怒、悲伤，感到前途渺茫，负能量开始滋长，这会导致正能量的缺失。不过只要我们摆正心态，在压力之下唤醒动力，那负能量就一定会被赶走，甚至转变为正能量。

2.不为小事烦心

哲人说：“人生就像一朵鲜花，有时开，有时败，有时候面带微笑，有时候却低头不语。”无论人生这朵花几时开几时谢，我们还是依然会过着自己的生活。为了一点小事情，我们真的没有必要让自己陷入过久的忧虑。

3.放平心态才能摆脱负能量

摆正心态，即使天塌下来，也不是什么大不了的事情，还是努力享受眼前的美景。对于那些烦心的问题，如果实在找不到解决的办法，不妨先放一放，等到自己心情完全平静之后，再寻求解决的办法，那时说不定所有的问题都会迎刃而解。

学会放下，才能轻松前行

人生就像负重前行，随着路程越来越远，身上的担子也就越来越重，我们所承受的压力就会越来越大。另外，如果我们心中欲求越多，我们所承受的东西也将越来越沉重。就像一个背负重物的人，在行走的路途中，这也喜欢，那也舍不得放弃，最终，包袱越来越沉重，压得他弯下了腰。但是他依然舍不得丢掉任何一样东西，只得拖着艰难的脚步，一步一步向前挪动。有时候，我们得到的东西越来越多，但是感兴趣的东西却越来越少，那种来自内心真实的快乐也就丢失了，人生依旧沉重、烦闷。对每一个人来说，舍弃与得到是相辅相成的，当你得到的东西越多，就可能失去轻松和快乐；相反，当你鼓起勇气放弃了某种东西，我们就有可能收获快乐。

曾经有个年轻人，他总埋怨生活的压力太大，生活的担子太重，他觉得很累，这种累压得他透不过气来。他听人说，哲人柏拉图可以帮助别人解决问题。于是他便去请教柏拉图。柏拉图听完他的故事，给了他一个空篓子，说："背起这个篓子，朝山顶去。可你每走一步，就必须捡一块石头放进篓子里。等你到了山顶的时候，你自然会知道解救你自己的方法。去吧！去寻找你的答案吧……"于是，年轻人开始了他寻找答案的旅程！

刚上道，他精力充沛，一路上蹦蹦跳跳，把自己认为最好的、最美的石头，都一个一个扔进篓子里。每扔进一个，便觉得自己拥有了一件世上最美丽的东西，很充实，很快乐。于是，他在欢笑嬉戏中走完了旅程的三分之一。可是篓子里的东西多了起来，也渐渐重了起来。他开始感到，自己已经越走越吃力了。但他很执着，为了找到答案，仍一如既往地前进。

而最后三分之一的旅程确实是让他吃尽了苦头。他已经无暇顾及那些世界上最美丽、最惹人怜爱的东西了。为了不让沉重的篓子变得更重，他不再贪图石头的样貌，只是挑选了一些非常轻的石头放进篓子里。他深知，这样的舍弃是必要的。然而，无论他挑多轻的东西放入篓子，篓子的重量也丝毫不会减少，它只会加重，再加重，直到他无力承受。但最后他还是背着篓子，艰难地踏上了这最后的三分之一旅程。

可能，我们都听过这样一句话：远路无轻物。当然并不是每一个人都有挑担的经历，但是如果自己将要负重前行，出发的时候往往很轻松，但随着自己越走越远，自己就会感到举步维艰，甚至会不自觉地抱怨为什么当初选了那么多的东西。但是望着前方的路，依然不舍得放弃，只能挑着担子往前走。以致我们到达了终点，再打开自己的担子，发现里面有很多东西都不是我们所需要的。或许对每一个即将远行的人来说，能够收获一份简单的快乐才是最重要的吧。

表姐研究生毕业后留在了一所名牌大学任教，工作上得心应手，很受学生们的欢迎。在三年教学过程中，表姐已经在国家级刊物上发表了十余篇论文，还出版了一部专著。很快学校就破格提拔表姐为副教授，任命其为教研室主任。对此，身边的家人朋友都为她感到高兴，大家都认为，只要表姐能够继续走下去，教授、博士导师只不过是时间问题而已。可是就在表姐事业如日中天的时候，她却做出了一件令大家跌破眼镜的事情，表姐毅然辞去了前途光明的大学教师工作，应聘到一家著名公司做员工。

父母感到十分惋惜，忍不住问女儿："你以前的工作不是挺好的吗，别人都很羡慕，你为什么选择放弃呢？"表姐却说："这么多年来，我最大的收获并不是金钱和名誉，而是努力挑战自己的乐趣，丰富自己的阅历。如果我继续在这个岗位上工作，我会感觉到无趣和苦闷。一直以来，我很看重自己内心到底想要什么，所以我鼓起了勇气去舍弃，这样我才能感受到快乐。"

或许，在别人看来，表姐的选择在大家心目中并不是那么明智，甚至还存在着一定的风险，但是表姐自己并不在乎世俗的衡量标准，她清楚地知道自己内心到底更想要什么，所以她鼓起勇气选择了放弃。显然，在表姐的生活中，她获得了一份更为简单的快乐。一个人只有敢于去放弃一些东西，才能够放下心中的怨气、烦恼，也才能够轻松地争取一些东西。

情绪启示

一个人懂得及时放弃，他才能收获更多，生活也将变得更加快乐；一个人必须鼓起勇气，放手舍弃，这样我们才能远离苦闷，从而感受到最初的快乐。

人若是背着重担走路，那么再平坦的路也会让他感到身心疲惫，最终难以忍受生活的压力。但是如果我们能平复心境，试着把那些沉重的负担当成一种习惯，用轻松、淡然的心态去看待问题，心境便会变得澄明，所有的负能量便会缓解，那些负担也许会转变成一种精神上的享受。人们应该记住，当自己被负能量压得喘不过气来的时候，要学会通过正确的途径释放负能量。

1.通过正确途径释放负能量

那些因负面情绪积聚而成的负能量就好像一颗毒瘤，如果任由其发展，就会越长越大，甚至会影响我们的身心健康。对此，我们应当积极寻找正确的途径释放负能量，比如转移注意力，让自己的生活变得忙碌起来，积极创造正能量，等等。

2.负能量只有得到了合理的释放，才能转化为正能量

有些人对心中存在的负能量选择逃避的方式，以为逃避了就可以创造出正能量。然而，只要你没有对负能量进行合理的

释放，那它随时都会抑制正能量的创造，我们只有将潜在的负能量释放出去，才能为正能量创造空间。

高情商者内心波澜不惊，不易生气

在生活中，那些情商高的人，往往会选择“心静”，而不是生气。他们拥有良好的心态，会努力克制自己的情绪。情商其实就是情绪智力，主要是指人在情绪、情感、意志、耐受挫折等方面的品质。生气，从来都不是高情商人的选择，他们只会努力修炼自己的内心，培养积极乐观的心态，让自己经得起怨气的打击。

薛尔德太太住在密歇根州沙支那城，她以前是靠推销《世界百科全书》之类的书籍生活，后来因为有了自己的家庭，她便辞去了工作，那时候日子虽然不富足，但是也过得很快乐。没过多久，她安逸的生活就陷入了苦难。1937年，她的丈夫死了，她自己几乎身无分文，这令她非常恐慌。那段时间，她的精神极度颓废、崩溃，甚至差点自杀。后来，她给以前的老板奥罗区先生写信，请求他能让自己做回以前的工作。于是她四处借钱，凑足了分期付款的钱买了一辆旧车，她又开始重新推销那些书籍，并以此为生。

薛尔德太太希望能够通过繁忙的工作来掩饰自己的颓废

和不安，可是她很快发现不行。毕竟她的丈夫已经不在了，只有她一个人驾车，一个人做饭吃，一个人生活，这所有的一切都令她无法承受。而她的工作也带给自己一些困扰，有些地方根本就卖不出去书，所以业绩不太好，虽然她买车的钱不是很多，但是对她来说还是很难凑齐。她每天的心情都很沮丧，对生活也没有什么希望，她甚至绝望得差点自杀。

有一天，她读到了一篇文章，这是那篇文章中的一句话让她重新燃起了面对生活的勇气："对一个聪明人来说，每天都是一个新人生。"这句话令她精神振奋。于是她把这句话打印出来，贴在汽车合适的位置上，为的就是自己开车的时候能随时看见。薛尔德太太发现每次只活一天一点都不难。就这样，她摆脱了孤寂和恐慌，她觉得自己每天都很幸福，工作业绩也随之提升。

遭遇生活的打击之后，薛尔德太太通过一句话获得了新生的力量，她不再生气，而是意气风发地工作、生活，她逐渐感受到了久违的幸福。而在这个过程中，薛尔德太太逐渐变成了一个高情商的女人，她拥有了积极乐观的心态，以及更高的情绪控制能力。

从前，有一位禅师十分喜爱兰花，在平日讲经之余，禅师花费了许多时间来栽种兰花，弟子们都知道禅师已经把兰花当成了自己生命的一部分。

有一次，禅师要外出云游一段时间。临行前，禅师特意交代弟子："要好好照顾寺院里的兰花。"在禅师云游的这一段时间里，弟子们都很细心地照料着兰花，但是有一天，一位弟子在浇水时不小心将兰花架碰倒了，所有的兰花盆都摔碎了，兰花也撒了满地。弟子感到十分恐慌，决定等禅师回来后，向禅师赔罪。

过了一段时间，禅师云游归来，听说了这件事，便立即召集了所有的弟子，非但没有责怪那位弟子，反而安慰道："我种兰花，一是希望用来供佛，二是为了美化寺院环境，不是为了生气而种兰花的。"

禅师喜欢兰花，是一种情感的自然释放，并不是为了生气而种兰花的。哪怕自己辛苦培植的兰花被弟子弄坏了，但自己依旧要保持良好的心态。所以在得知自己的兰花已经被损坏后，禅师不但不生气，反而安慰弟子，希望以此减少弟子内心的愧疚感。

情绪启示

所谓的高情商，其实就是聪明的另外一种说法，但这并不是智力上的聪明，而是一种生活能力，比如如何为人处世、控制自己、控制情绪，是否关心别人以及是否能有效地激励自己。

1.把每一天当作新的一天

高情商的人会把每一天都当成新的一天，当他们这样想的时候，就已经精神百倍地去开始新的生活了。生活中无论发生了什么样的事情，他们从来都不生气，因为在他们看来，每天早上醒来，能够自由地呼吸，能够灿烂地微笑，那就是一种幸运。

2.打开心灵的另一扇窗户

其实，人生就是这样，它注定就是一条充满曲折和困难的路，或许烦恼无处不在，但是面对这样的事情，我们只要尝试着打开心灵的另一扇窗户，以一种积极、乐观的心态去面对，你就会发现，所谓的烦恼根本不存在。

追根溯源，挖掘出坏情绪的源头

尽管在斗气的时候，每个人都会意识到这是愚蠢的行为，会严重影响自己的生活和工作，但心中的那团怒火却总是越烧越旺，难以浇灭。实际上，在怒火攻心的时候，我们应该试着平静下来，找到坏情绪的根源，然后斩草除根，将怒火扼杀在萌芽状态。权威的心理学家也表示：破解坏情绪的关键是要找到生气的根源在哪里。

心理学家讲述了一个案例：

那天，一位大学生样子的女孩走进了我的心理咨询室，刚一坐下，她就开始向我“控诉”：“前两天我正在准备一次重要的考试，可是就在前天晚上，隔壁王阿姨带着一对双胞胎女儿来串门，我暗示王阿姨说，我明天要考试，需要安静的环境。但是妈妈特别喜欢那对双胞胎，极力挽留王阿姨再玩一会，小孩子很顽皮，我本来想静下心来好好复习功课，可是她们在外面嘻嘻哈哈，我一点也看不进去，愤怒之余，内心感到一种委屈，不禁趴在桌上大哭了一场。这时，又想起之前种种不顺利的事情，结果越哭越伤心，几乎是整个晚上都在哭，第二天感觉晕乎乎的，只得昏昏沉沉地去考试，当然，这次考试很不理想。”

我听完了她的讲述，明白了这是怎么回事，我慢慢帮助她解开生气的源头：“从你刚才的讲述中，我知道了，你其实有自己的房间，一开始，你也可以告诉两个孩子别闹，说这样会影响自己学习，这样就可以减少对自己的干扰了。后来，你在屋子里复习功课，其实不知道你发现没有，真正扰乱你心绪的并不是小孩待在家里所发出的声音，而是你内心对这件事一直耿耿于怀。由于你心里太在乎这件事情，只要想到小孩的存在，就会感到心烦意乱，更不用说她们真正地来影响你了。”听了我的话，她点点头，说道：“嗯，我感到十分委屈，每次我遇到了重要的事情，总是被别人影响，这样白白浪费了我许多的时间和精力。”

看着她那痛苦而又无奈的表情，我试着用理解的口吻说道：“你不要着急，其实你应该清楚自己为什么总是那么容易生气，主要是你以前处理问题的方式不对。每个人的生活都不可能一帆风顺，总是会遇到这样或那样的麻烦，但是如果这些问题没有得到及时解决，往往会产生较坏的影响。时间长了，在你心中就形成了这样一种思维定式：一旦遇上问题，就会采取消极的方式，诸如发脾气、斗气等等，于是生气几乎就成了一种固定的反应。其实任何事情都是可以解决的，只要你积极地思考，遇到事情不要总是闹情绪或生气，你可以试着平静下来，或者向值得信任的朋友倾诉一番，这样你的心里就会豁然开朗了。”当她走出我的心理咨询室的时候，我清楚地看见洋溢在她脸上的笑容。

如果在熊熊大火燃烧起来之前，我们能够及时地找到火源，并将其彻底浇灭，使之不再复燃，这样我们易怒的情绪就很容易恢复到平静的状态，这对于我们的工作和生活也是很有益的。反之，如果坏情绪的根源不被彻底清除，就会变成我们成功路上的绊脚石，有时候我们之所以失败了，并不是因为缺少机会，或者能力不足，而是坏情绪阻碍了我们前进的脚步。

情绪启示

心理学家认为，一个人心中的坏情绪是一点一点郁积起来的，或许在刚开始，我们只是稍微有点心情不愉快，但是如果这时候再遇到一系列令人头疼的事情，这样的情绪就会升温，火势开始迅速蔓延开来，最终造成的结果无异于“火山爆发”。一旦我们对愤怒的情绪失去了控制，我们也会失去理智，自然也就很容易错过成功的机会，甚至做出一些错误的判断，下一些错误的指令。所以，在愤怒情绪即将爆发之前，我们应该想办法及时彻底地清除生气的根源。

1.坏情绪的根源往往是小事情

虽然在生气的时候，恶劣的情绪会从心中不断地涌现出来，它们如同火山下喷涌的岩浆，不断加温、加热，在最后的时刻爆发出来。不过如果我们追根究底，往往那些不断积累的怨气只是来源于一件件微不足道的小事情，由小积大，最终成为我们坏情绪的根源。当我们弄清楚了生气的根源之后，只需要找到合适的办法解决就可以了。

2.彻底清除坏情绪的根源

我们明白，阻碍大火向四处蔓延的唯一有效方法是彻底消灭火源。到底什么才是那大火的引燃物？自己生气的根源到底是什么？没有人会无缘无故地生气，只有找到坏情绪的根源，才能彻底浇灭坏情绪。

第 7 章

情绪体察，及时扑灭坏情绪的火苗

自制是人类必须拥有的美德之一，尤其是控制自己的情绪。那些在内心深处不断暗涌的情绪，不管是冲动，还是愤怒，都应该及时控制，而非任由其横冲直撞。想减少负面情绪，就要从根源入手，积极控制，及时清除负面情绪的幼苗。

乐观一点，学点阿Q精神

阿Q似乎是一个并不陌生的名字，在鲁迅先生的描绘下，他的形象跃然纸上。而对于阿Q精神，人们却褒贬不一，有人感到不屑，把它当作民族的劣根性；有人却崇尚阿Q精神的积极性，甚至有人坦言："生活中需要阿Q精神。"很多时候，我们会发现，阿Q不仅出现在鲁迅先生的小说里，他还经常出现在生活中，或许在我们身边就有这样的人。在阿Q身上，有一个引人注目的特点：无论是挫败或生气，他都会以虚幻的胜利来安慰或欺骗自己。由此延伸，人们将这一种情绪调节法称为"阿Q精神胜利法"。在现实生活中，良好的情绪是需要一点阿Q精神胜利法的，如果我们能恰当运用这种方法，那么良好的情绪会帮助我们走向成功之路。

在未庄，阿Q是一个极其卑微的人物，在他看来，整个未庄的人都不在自己的眼里。赵太爷进城了，阿Q并不羡慕，还说出了自尊自大的话来："我的儿子将来比你阔得多。"阿Q进了几回城，变得十分自负，甚至有点瞧不起城里人，遇到别人嘲笑自己头上的癞头疮疤时，阿Q也不生气，反而以此为荣，笑着回答：“你还不配。”

在未庄，阿Q经常被欺负。有时候，他被一些闲人揪住辫子往墙上撞，他就会说：“打虫豸，好不好？我是虫豸——你还不放？”有人说：“阿Q，你怎么如此自轻自贱？”阿Q听了也不生气，反而自诩“自轻自贱第一名”，毕竟所谓的状元不也是“第一名”吗，那自己的这个名号似乎并不吃亏。

与别人打架的时候，如果是自己吃亏了，阿Q也不生气，心想：“我总算被儿子打了，现在的世界真不像样……”于是本来愤愤不平的心里也得到了满足，便以胜利的姿态回去了。赌博赢来的钱被人抢走了，阿Q也不气恼，如果没有办法摆脱“闷闷不乐”，他就自己打自己，这样感觉被打的是“另外一个”，这样，阿Q在精神上就又一次转败为胜。

精神胜利法就如同麻醉剂，让阿Q一次次摆脱内心的烦恼，变得无比的快乐。阿Q依然是阿Q，面临绝望的物质困境，唯有用精神来安慰自己。现实生活中的我们，同样可以用阿Q精神来摆脱不良情绪的困扰：受到了他人的辱骂，想到幸好失去内涵修养的人是他而不是我；受到了不公正的待遇，想想至少自己能公正地对待一个人。以精神上的胜利来安慰生气的自己，这样一来，内心的愤怒情绪就会消失不见。

情绪启示

在小说里，阿Q的形象看起来似乎很可笑，但是在一个充满苦难的年代，阿Q只能以这种无奈的方式来维持自己活下去的信心与勇气。对此，有心理学家研究了阿Q的行为特点，并表示："阿Q精神胜利法实际上是一种自我心理调节，对人们调节心理和情绪十分有帮助"。当然，我们所借鉴的是阿Q精神胜利法的积极面，比如，遇见令人生气的事情，幽默一笑，不仅快乐了自己，而且将快乐带给了别人。这样看来，阿Q所创造并享受到的快乐，实际上比那些所谓的有钱人更多。

1.学会自我安慰

孔子曾这样评价自己的得意门生颜回："一箪食，一瓢饮，在陋巷，人不堪其忧，回也不改其乐。"颜回以求道为乐，他获得了自得其乐的生活。虽然阿Q与颜回相差十万八千里，但是他们有一个共同的特点，他们都游刃有余地掌握了快乐的哲学，学会了调节情绪的有效方法。那些掌握了精神胜利法的人，是很难生气的，或者即使他们心中有气，却仍然能够因为精神上的胜利而变得快乐起来。

2.心胸放宽

日常生活中，我们常听到："真是，差点被气死了。"其实人之所以生气，主要原因是在于自己心胸狭窄。三国时期，周瑜才能过人，但终因自己心胸狭窄，在诸葛亮的"攻心"之下被活活气死，临终前他还发出“既生瑜，何生亮”的感叹。同样是拥有卓越才华的司马懿，即使诸葛亮派人给司马懿送去了“巾帼女衣”对其进行羞辱，司马懿却丝毫不生气，反而笑着对下面的人说：“孔明视我为妇人焉。”若无其事，将宽宏大量发挥到极致。由此可见，保持宽阔的心胸可以有效地避免自己生气，我们在生活中应少些斤斤计较，学做一个不生气的智者。

理性的智者，绝不被坏情绪掌控

无论何时，我们都不要轻易做出否定，因为存在即有其合理性。当我们学会理智地看待事物，不被情绪所左右的时候，我们所激发的就是情绪的正能量。在生活中，许多人习惯于感情用事，遇到生气或愤怒的时候，常常是面红耳赤，恨不得把心里所有的消极情绪都发泄出来；若是遇到消沉的时候，就一蹶不振，自暴自弃，随意贬低自己。其实，若凡事都以感性对待，很有可能会模糊事情的真相，甚至做出一些后悔的举动。所以面对事情需理智对待。对于任何事任何人都要给予一个申辩的空间，而面对情感，则需要感性释放，因为情感压抑得太久，有可能会导致心理疾病。

芬妮是一位脾气暴躁，情绪容易激动的女孩子。由于她的坏脾气，交往多年的男朋友也离开了她，朋友们都为她感到惋惜，而芬妮似乎也感到了自己脾气的坏处。有一天，芬妮特地找到我，说："如何才能改掉我的坏脾气呢？"

我想了想，拿出了两个透明的刻度瓶，然后分别装上了一半瓶清水，随后又拿出了两个塑料袋。芬妮打开后发现里面是白色和蓝色的玻璃球，我对芬妮说："当你生气的时候，就把一颗蓝色的玻璃球放到左边的刻度瓶里；当你克制住自己的时候，就把一颗白色的玻璃球放在右边的刻度瓶里。最为关键的是，现在你应该学会理性控制自己的情绪。"

芬妮一直照着我的建议去做，过一段时间，我和芬妮一起把两个瓶中的玻璃球都捞了起来。我们发现，那个放蓝色玻璃球的水变成了蓝色。这时，芬妮才知道那些蓝色玻璃球是我把水性蓝色涂料染到白色玻璃球上做成的。我趁机对芬妮说："你看，'坏脾气'投入原来的清水中，水就被污染了，同样的道理，你的言行举止也会感染别人，就像这个玻璃球一样，所以一定要理智控制好自己的言行。"

当我再一次拜访芬妮的时候，我惊喜地发现，那个放白色玻璃球的刻度瓶竟然溢出了水。其实，我教会芬妮的方法就是"把自己当成一个思想的旁观者"，这样有助于我们理智地面对事物。渐渐地，芬妮学会了控制情绪，生活开始步入正轨，听说最近她还交了一个男朋友，生活对于她似乎变得越来越美好了。

生活中总是有一些不如意的事情，当你要发脾气的时候，应该做的第一件事就是尽量让自己安静和放松下来，先以理智的眼光来审视问题，想一想目前是什么情况，而不是顺其自然地乱发脾气，被情绪牵着走。如何理性地对待事物？那就要学会换位思考，或者直接置身事外。

情绪启示

不管发生了什么事情，不管自己处于什么样的位置，我们都需要好好把握积极情绪带给我们的力量，而不是自寻烦恼，任自己被负面情绪所困扰。只有积极情绪才会激发出正能量，消极情绪只会带我们走进痛苦的深渊。

理性面对事物，我们应该学会反思，我们在面对许多事情的时候，是否往往是感性反应先于理性反应，导致常常看不到事情的本质，而模糊了事情的真相。所以，每次冲动的时候，我们都应该认真反思自己的行为与观点，时间长了，自己的思维习惯就会逐渐改变，把自己置身于事情之外，使自己更加理性地看待事物。当然，我们同样需要释放情感，因为这是人之常情。

做自己情绪的主人

心理专家说：“其实每个人都生活在自己的围城里，巨大的竞争压力使人们渐渐忘记了自我欣赏和肯定，进而迷失了寻找自我意识的目标和方向。”其实，快乐是一种由心而生的乐观心态，它来源于人们克服困难的勇气和对生命归宿的信仰。同样的道理，情绪也是由心而生，同时也是由心来控制。那么我们应该如何调整情绪，给自己一份快乐的心情呢？当然，快乐的资本并不在于财富的多少，而是与人们的信念、家庭、自我价值感和个人情绪有关，好心情是个人愿望达成之后积极的情感体验，因此合理的期望将直接决定着快乐的程度。

有一个女孩从小生长在孤儿院，她常常悲观地问院长：“像我这样的没人要的孩子，活着究竟有什么意思呢？”每次，院长总是笑而不语。

有一次，院长交给女孩一块石头，对她说：“明天早上，你拿这块石头到市场上去卖，但要记住，无论别人出多少钱，绝对不能卖。”第二天，女孩拿着石头蹲在市场的角落，发现不少人对她的石头感兴趣，而且价钱越出越高。回到孤儿院，女孩兴奋地向院长报告情况，院长笑了笑，吩咐她明天拿到黄金市场上卖。在黄金市场上，有人出比昨天高十倍的价钱来买这块石头。

后来，女孩又将石头拿到宝石市场上展示，结果石头的身价又涨了十倍，可是女孩怎么都不卖，人们将那块石头都视为“稀世珍宝”。女孩高兴地捧着石头回到孤儿院，向院长问道：“为什么会这样呢？”院长望着女孩缓缓说道：“生命的价值就像这块石头一样，在不同的环境下就会有不同的意义。一块不起眼的石头，由于你的珍惜而提升了它的价值，竟被传为稀世珍宝，你不就像这块石头一样吗？只有自己看重自己，珍惜自己，生命才有意义。”

生命的价值往往取决于自己的心态，你珍惜自己，看重自己，别人才会认同你的价值。乾隆皇帝下江南的时候，站在桥头之上，问身边的大臣：“桥下熙熙攘攘的船有多少条？”大臣回答说：“两条，一条是名，另一条是利。”船尚且如此，更何况是人呢？人们往往为名所累，因欲海无边而算计，为生计而忙碌奔波，他们常常因为这样或那样的事情而生气，灰心丧气、情绪失落、患得患失，其实人生苦短，怎能让苦恼常相伴呢？

汉姆嗜酒如命，有好几次因为喝酒都差点没命。有一次，他在酒吧里看到一个不顺眼的酒保，当即就杀了他，因而被判了死刑。汉姆有两个女儿，年龄相差一岁，其中一个女儿跟汉姆一样染上了毒瘾，平日靠偷窃和勒索为生，同样也由于犯罪而进了监狱。而另外一个女儿却截然相反，她在一家公司担任经理，有着美满的婚姻和可爱的孩子，不仅没有吸毒，在她身上连不良行为都很难发现。

为什么同一个父亲的两位女儿，在完全相同的环境下长大，两人却有着完全相反的命运呢？在一次电视访问中，当记者问到造成她们现在状况的原因，两人回答却是惊人的相似："有这样的父亲，我还能有什么办法？"

生活中许多人认为，有什么样的环境就会造就什么样的人生，其实这并不是绝对的，因为无论是情绪还是心态，都是由我们自己的心所决定的。面对同样的父亲，一个女儿选择了自暴自弃，一个女儿却选择了拼搏，不同的心态铸就了她们截然相反的人生。

情绪启示

有两位老太太，在生命的最后旅程里，一位选择坐在家里，足不出户，颐养天年；一位开始学爬山，并在95岁高龄时登上了日本的富士山，打破了攀登此山年龄的最高纪录。情绪大多来源于人们看待事物的方式，一旦理解上出现了问题，往往会产生不正常的情绪反应，从而导致情绪不佳。事实上，情绪由心而生，亦由心来掌控，所以我们每个人都应做情绪的主人。

1.拥有好心态

哲人说："要么你去驾驭生命，要么是生命驾驭你，你的心态决定谁是坐骑，谁是骑师。”最快乐的人并不会觉得一切东西都是最美好的，他们只是满足于自己所拥有的一切；最快乐的人并不会觉得人生就是一帆风顺的，而是能够用积极的心态来面对生活。其实决定一个人命运的关键就是心态。

一个人要想主宰自己的人生，那就必须培养自己良好的心态。当一个人有了良好的心态，才能控制其情绪，才能享受生活赋予的快乐和幸福，不要让消极的念头占据你的思想，在任何时候都应该保持积极乐观向上的心态。

2.争做情绪的主人

人生并非只有愤怒和无奈，因为情绪是可以由我们自己去把握和调控的。情绪是人生的控制塔，一个人有什么样的心态，就会有什么样的生活和命运。情绪与心态是相同的，有乐观心态的人，他们的情绪大多时候都会处于平和状态；有悲观心态的人，他们情绪大多时候都会处于抑郁状态。无论一个人多么有能力，如果缺乏好的心态，就什么事情都做不成。良好的心态能产生巨大的力量，有了它，我们就能把握自己的命运，从而实现人生的理想。

换个角度思考，就能获得好心情

人生注定是一条充满曲折、困难的路，或许烦恼无所不在，但是面对消极的事情，我们如果能够尝试着打开心灵的另一扇窗户，以一种积极乐观的心态去面对，你会发现，所谓的烦恼根本不存在。人生依然无限美好，问题的出现并不会改变我们的好心情。

有个老太太有两个儿子，一个卖伞，另一个刷墙。老太太每天提心吊胆，闷闷不乐，因为晴天的时候，她担心儿子的伞卖不出去，下雨的时候，她又开始发愁另外一个儿子没法刷墙。后来，一位智者告诉他："你想想，下雨的时候伞卖得最多，那卖伞的儿子生意不正好吗，心情就好了；天晴的时候刷墙正好，刷墙的儿子生意兴隆，心情自然也就好了。这样一来，无论是晴天还是雨天，对你来说，心情都没有改变。所以什么时候都不会错的，你所应该选择的是一份快乐的心情。"老太太听了，笑逐颜开，再也不整天担心了。

每个人的心中都有一份情绪晴雨表，只是我们常常习惯于关注阴郁的雨天，而忘记了晴朗的那方天空，于是我们的情绪也变得阴郁起来，不由自主地以悲观、消极的心态来面对生活。如此一来，那些本来看起来十分细小的事情，也会让我们火气大发，甚至阴郁的心情不断蔓延，逐渐影响我们身边的人。心情与生活一样，是我们可以选择的，即使事情变得十分糟糕，我们也依然可以选择以快乐的心情面对。这样我们能看清楚事情的真实情况，而且积极乐观的心态也有助于我们更好地解决问题。

有一天，陆军部长斯坦顿来到林肯办公室，气呼呼地对林肯说："一位少将用侮辱的话指责你偏袒一些人。"比较内向的林肯笑着建议："你可以写一封内容尖刻的信回敬那个家伙，可以狠狠地骂他一顿。"斯坦顿立即写了一封措辞强烈的信，然后交给总统看，林肯高声叫好："对了，对了，要的就是这样，好好训他一顿，写得真绝了，斯坦顿。"

但是，当斯坦顿把信叠好装进信封的时候，林肯却叫住了他，问道："你干什么？"斯坦顿有点摸不着头脑了，说道："寄出去呀。"林肯大声说："不要胡闹，这封信不能寄，快把它扔到炉子里去，凡是生气时写的信，我都是这么处理的，这封信写得很好，写的时候你已经解了气了，现在感觉好多了吧，那么就请你把它烧掉，再写第二封信吧。"

约翰·米尔顿说："一个人如果能够控制自己的激情、欲望和恐惧，那他就胜过国王。"有时候，情绪不仅是心理健康的庇护神，而且它对我们决胜的关键时刻也异常重要。在现实生活中，面对不同的环境，不同的对手，有时候采用何种手段并不重要，控制好自己的情绪才是至关重要的。每个人都有自己的情绪，而情绪是一种抓不住的东西，在很多时候，它令我们捉摸不透。但是不管情绪如何难以琢磨，我们都应该努力控制好它，保持平静的状态，以此保持心理健康。

情绪启示

杯子里有半杯酒，一个酒鬼来了，看见就摇了摇头，十分沮丧：“唉，只有半杯酒。”一会儿，又来了一个酒鬼，看到半杯酒兴奋地说：“太好了，还有半杯酒。”杯子里同样是半杯酒，但是因为心境不同，心情自然大有不同。

1.控制好自己的情绪

情绪是指人们对环境中某个客观事物所持有的身心体验，是一种对人生成功具有显著影响的非智力潜能因素。对此，美国密歇根大学心理学家南迪·内森通过一项研究发现：一般人的一生平均有十分之三的时间处于情绪不佳的状态，所以人们常常需要与那些消极的情绪做斗争。一般情况下，人们容易受情绪的牵制，都会有或大或小的心理障碍，而这将会影响其心理健康。所以，要想保持心理健康，人们应该努力突破心理障碍，控制好自己的情绪，这样才有可能成为成功者。

2.善于关注好心情，而不是坏心情

有人这样抱怨：“这天老是下雨，还要不要人活啊，今天出门的计划又泡汤了。”而在街头的另一处风景中，一位小女孩正撑着雨伞散步，小脚丫在雨水中快乐地奔跑。由此可见，“下雨”这个事实并没有改变，女孩所改变的不过是自己的心情，要想拥有一个好心情，我们要善于选择“晴朗的天气”，而不是沮丧的“雨天”。

理智看待问题，减少坏情绪产生的可能

马克·吐温说："世界上最奇怪的事情是，小小的烦恼，只要一开头，就会渐渐地变成比原来厉害无数倍的烦恼。"聪明的人不会在意那些小小的烦恼，因为烦恼会成为生气的源头，而生气则是十分愚蠢的行为。在生活中，那些生气所带来的恶劣情绪会挑拨起内心的冲动，而冲动带来的结果将会令我们更加生气。这样一来，情绪就会形成一种恶性循环，从此一发不可收拾。若是远离了生气，抑制了内心的愤怒情绪，我们就会得到真正的快乐。

从前，在古希腊住着一位名叫斯巴达的人，他有一个很特别的习惯：每次生气或与别人争吵的时候，他都会以很快的速度跑回家，然后绕着自己的房子和土地跑三圈，跑完以后，就坐在田边喘气。许多人对他这样的习惯很不理解，每次都好奇地问他这是在做什么，斯巴达总是微笑不语。

斯巴达是一个勤劳而精明的人，在自己的努力经营下，他的房子越来越大，土地也越来越多，但不管房子和土地有多大，一旦遇到了自己生气或者与别人争论的时候，斯巴达依然会绕着自己的房子和土地跑三圈。

直到有一天，斯巴达老了，他的房子变得特别大，土地也变得特别多，不过这并不影响他那数十年不变的习惯。每当斯

巴达生气的时候，他仍然会拄着拐杖艰难地绕着自己的房子和土地走三圈。好不容易走完了三圈，太阳已经下山了，斯巴达则独自坐在田边，一边喘气，一边欣赏着自己的房子和土地。

这时，孙女在斯巴达身边恳求："爷爷，您可不可以告诉我？"斯巴达感到不解："告诉你什么呢？"孙女挨着斯巴达坐了下来，说道："请您告诉我，您一生气就要绕着房子和土地跑三圈有什么秘密吗？"斯巴达笑着说："年轻的时候，只要一和别人吵架、争论、生气，就会绕着房子和土地跑三圈，一边跑一边想：房子这么小，土地这么少，哪有时间去和别人生气啊。一想到这里，我的气就消了，整个人就会变得平和起来，把所有的时间都用来努力工作。"孙女感到很不解："可是，现在您已经年纪大了，房子也大了，土地也多了，您已经是最富有的人了，那为什么还要绕着房子和土地跑呢？"斯巴达温和地说："可是我现在依然会生气，为了克制内心愤怒情绪的蔓延，我在生气时还是绕着房子和土地跑三圈，边跑边想：自己的房子都已经这么大了，土地这么多了，又何必要和别人计较呢？一想到这里，我的气也就消了。"

为了克制内心生气的情绪，斯巴达绕着房子和土地跑三圈，跑完了气也就消了，再也不生气了。斯巴达看似莫名其妙的行为，可谓是智者的行为，因为不生气才是聪明人的选择，而生气只不过是愚者的本性。生活中总会有让我们不如意的事情，有可能是被别人奚落了，有可能是自己最珍贵的东西被别人损坏了，但是即使面对这样一些令人烦躁的事情，我们可以选择生气，更可以选择不生气。

情绪启示

哲人这样形容生气带来的愤怒情绪：一个人生气时就像是在喝酒，一旦喝下了第一杯，就会一杯接着一杯喝下去，最后越喝越醉。于是那些容易生气的人愚蠢地陷入了愤怒的圈套，难以摆脱，最终只会被情绪所吞噬。如果明白了这样的道理，聪明的人是不会选择生气的，往往只有那些愚者才会选择生气。

1.生气的后果很严重

一位研究情绪的心理学家曾这样告诉人们："生气是一种极具破坏性的情绪，它所给人们带来的负面情绪可能远远超过我们的想象。"无疑，生气的情绪犹如一颗定时炸弹，会严重影响我们的正常生活，使生活失去原本的平和和美丽。一个人在生气时，他的所作所为都是没有经过大脑思考的，容易冲动，虽然怒气在一瞬间得到了发泄，但是后果却需要我们为自己埋单。

2.克制内心的坏情绪，做一个智者

聪明人深知，即使生气了也挽回不了什么，只会徒增许多怨气，于是他们选择不生气。而有些人总是只看到事情的表面，凡事都喜欢生气，总认为生气是自己的权利，殊不知，时间久了，生气甚至会成为自己的习惯。做一个聪明人还是愚蠢的人，关键是看你如何去选择。我们要学会做一个智者，克制住内心的愤怒，不要生气，千万不要因为生气而说出愚蠢的话，做出愚蠢的行为。

积极的心理暗示，助你摆脱坏情绪

自我暗示，也就是自己主动地通过言语、手势等间接含蓄的方式向自己发出一定的信息，使自己按照自己示意的方向去做。事实上，心理学家认为，自我暗示有消除恐慌和消极心态的功能。美国心理学家威廉斯说："无论什么见解、计划、目的，只要以强烈的信念和期待进行多次反复的思考，那它必然会进入潜意识，成为积极行动的源泉。"在某电视台，一位著名的主持人这样告诉人们他的成功秘诀："我以前不过是工厂里的一名小职员，之所以能走到今天，是源于自己的一个小秘诀，每次发生糟糕的事情，我总是安慰自己：一切都会好的，事实原本可能比这个更糟糕。"其实，主持人所说的秘诀，实际上就是一种自我暗示。有一句经典的电影台词给人们留下了深刻的印象："面包会有的，牛奶会有的，一切都会有的。"这其实也是一种心理暗示，积极的心理暗示可以让我们摆脱坏情绪的枷锁，重新找回久违的快乐。

一位哲人见生活贫困的朋友整天愁眉苦脸，一脸苦相，他希望自己能够找出一个方法让朋友重新快乐起来。但是无论哲人怎么说，那位生活贫困的朋友就是快乐不起来，反而认为哲人是在奚落自己。为了让朋友接受自己的建议，哲人想出了一个好办法，他对那位朋友说："你愿不愿意离开你的妻子？愿不愿意丢弃你的孩子？愿不愿意拆掉你的破房？"那位贫困的朋友坚决地摇摇头，哲人接着说道："对啊！你应该庆幸自己有一位默契的伴侣，庆幸自己有一个可爱的孩子，庆幸自己有一间温暖的旧屋，你应该为此感到高兴啊！"听了哲人的话，那位朋友的愁苦脱离了眉梢，忧郁离开了额头，重新开始快乐起来。

试想，如果没有哲人的帮助，也许那位生活贫困的朋友依然会愁眉苦脸，始终不能摆脱坏心情的枷锁。如果他告诉自己"你要快乐起来""快乐才是你所需要的""贫困只是暂时的，一切都会好起来的"，那么在这样不断地暗示下，他会发现即使是拮据的生活中也可以找到由衷的快乐。

其实，一个人的快乐与不快乐，通常不是由客观条件的优劣来决定的，而是由自己的心态以及情绪来决定的。在生活中，无论遇到多么糟糕的事情，都不要沮丧，不要生气，而是要暗示自己一切都会好起来的。那么我们就可以从那些困难、不幸中重新挖掘出快乐来。

1998年7月21日晚，17岁的中国体操队队员桑兰在纽约友好运动会上意外受伤，当时桑兰正在进行跳马比赛的赛前热身，在她起跳的那一瞬间，由于外队教练的一个“探头”动作干扰了她，导致她动作变形，从高空栽倒到地上，而且是头着地。个性温顺的桑兰在遭受到如此重大的变故后却表现得相当乐观：“我相信一切都会好起来的。”她的主治医生说：“桑兰表现得十分勇敢，她从来不抱怨什么，对她我能找到表达的词语是‘勇气’和‘乐观’。”

或许，正是那份积极的心理暗示铸就了她坚强、乐观的态度，美国院方称她是“伟大的中国人民光辉形象”。在美国住院的日子里，许多民众都会去看望她，并不只是因为她受伤了，而是被她的精神感动。是的，一切都会好起来的，在这样的信念下，桑兰逐渐好了起来，直到今天，她依然没有离开人们的视线。

美国心理学家霍特曾讲述过这样一个案例：有一天，弗雷德感到自己的心情很差。以前在这样的时候，他通常都是把自己关起来，不见任何人，直到心情变好为止。但是这天，弗雷德知道公司要举行重要的会议，所以他决定装出快乐的样子。在会议上，他笑容可掬，心情看起来十分愉快，不过令他自己感到奇怪的是，没过多久他发现自己真的摆脱了坏心情的枷锁。

情绪启示

其实，心理暗示具有比想象中更大的力量，不管自己的心情有多坏，都要告诉自己：一切都会好起来的。当你表现出一副快乐的样子时，时间久了你就会发现自己真的摆脱了坏心情，变得快乐起来，这就是积极心理暗示的作用。

1.一切都会好起来

生活中我们每个人都有遭遇坏心情的时候，但是我们应该清楚这一点：如果我们没有办法改变事情，那就改变心情吧。时刻告诉自己：一切都会好的，不管多么生气、愤怒，事情也都是无法改变的，那么不如选择一份好心情。当然，在很多时候，“一切都会好的”无异于自我安慰，甚至有人说这是“自欺欺人”。但既然我们能获得平和的情绪，哪怕是自欺欺人，那又何乐而不为呢？

2.积极的暗示是一种自我安慰

坏心情会影响我们大脑的正常思考，使我们变得越来越堕落。如果任由这样的状态持续下去，不仅做不好任何事情，反而会把自己推向深渊。平和的情绪有助于我们寻找到解决问题的办法，那么即使是安慰自己、欺骗自己，但我们正在积极解决问题，这才是行之有效的办法。那么在生气或愤怒的时候，给予自己积极的暗示，或许一切事情真的就会好起来了。

第 8 章

陷入抱怨的泥沼，怎么会有好心情

心中的怨气不仅仅会危害我们的身心健康，还会不知不觉间影响我们的运气，试想，一个经常满脸怨气的人，怎么能获得成功呢？又如何能获得生活的幸福呢？因为幸福只有怀着一颗感恩的心才能感受得到，只有那些心怀感恩的人，才能收获好运气，才有可能获得成功。

远离抱怨，学会珍惜眼前的幸福

幸福在哪里？哲人说：“幸福不需要寻找，它就像一棵棵小草，散布在葱绿的田野，到处都有。”或许，有人对此表示怀疑：真的是这样吗？我怎么没有感觉到呢？那些没能幸运地感受到幸福的人，他们心中充满了怨气，怨气的浓雾模糊了他们对幸福的感觉。幸福其实就在每个人的身边，时时刻刻环绕着自己，时时刻刻惠顾着自己，怎么会感觉不到呢？每天，我们能从母亲手中接过饭碗，吃上香甜可口的饭菜，内心感激有一个疼爱自己的母亲；坐在桌边读着朋友的来信，内心感激有一个难得的知心朋友；坐在阳光洒落的办公室，内心感激拥有一份自己喜欢的工作。

刚认识自己的男友时，小娜是一个刚刚毕业的大学生，他却是一个落魄的穷书生，虽然“大学老师”听起来很光鲜亮丽，但对年轻的他来说，却是意味着什么都没有，只有一间十几平方米的小屋。因为爱情，小娜还是选择了跟他在一起。朋友表示难以理解：“他什么都没有，你跟他在一起会幸福吗？”小娜脸上洋溢着幸福和快乐，说道：“但是他愿意一直陪在我身边，我很珍惜跟他在一起的日子。”

结婚后，他转行做生意，虽然满脸书生气，但在复杂的商海里，他却如鱼得水，应付自如，很快就成为一个成功的商人。小娜还是那张幸福的笑脸，在家里照顾孩子和丈夫，一举一动都充斥着爱的气息。无论他晚上回来有多晚，小娜总是将热腾腾的饭菜端上来，她明白在外应酬大多数时候都是喝酒，她担心他的胃。有时候总有一些闲言碎语，说着公司那个漂亮的女秘书，可小娜却笑着回应：“应该感激有这样能干的秘书帮助他，我在家里也省心了。”这话被传到了公司，渐渐地女秘书竟成了小娜的闺中密友。一转眼小娜结婚也有十年了，有人问她幸福的秘诀是什么，小娜只是微微一笑，说道：“幸福就是怀着一颗感恩的心。”

在西方流传着这样一句谚语：“所谓幸福，是有一颗感恩的心，一个健康的身体，一份称心的工作，一位深爱你的爱人，一帮可信赖的朋友。”感恩是幸福之首，获得幸福的首要条件是拥有一颗感恩的心。知感恩，你才会获得真正的幸福。有的人不懂得珍惜眼前的幸福，总觉得别人都是欠自己的，总认为别人对自己不够好，总觉得自己的生活不够完美，他们在抱怨声中亲手抛弃了幸福。

在办公室，经常听到阿兰这样的声音：“办公室工作，清闲倒是清闲，可没有什么油水，不像你们做业务的，一笔单子就相当于我干一年……”“什么？你的年终奖有1万啊？凭什么你们公司这么大方啊？我跟你的工作差不多，可我的年终奖才不到3000，还是你们公司好，真大方……”“你老公真有本事，都自己开公司了，哎，哪像我家那位，只能是打工仔的命了……”在同事们看来，阿兰太喜欢比较了，远到以前的同学，近到现在的同事，她都要比一比，常常是絮絮叨叨地抱怨：“比我强？凭什么？”

在公司，同事们都避开她，中午大家在食堂吃饭，只要是阿兰在场，同事们都会主动谈起自己的倒霉事：“哎呀，我昨天又丢了一张大单子，损失不小哇……”大家都觉得，若是谈论一些倒霉的事情，这样会相对降低阿兰的心理敏感度。时间长了，阿兰也知道了同事们的用心。有时候，她也这样问自己：“我只不过才工作一年，而且这份工作又稳定，衣食无忧，还有什么不满意的呢？”同事也经常安慰她：“你看你，这么年轻就做办公室工作，多有福气……”逐渐地，阿兰懂得了感恩，开始珍惜自己眼前的幸福和快乐，那些比较、抱怨的声音越来越少了。

许多人都会不知不觉地过分比较，而忽视了自身的价值。在日常生活中，他们所关注的是，谁又升职了，谁又买房了，谁又换车了，再想想自己的生活，却总是一成不变，心里失去了平衡，抱怨就开始了。事实上，没有升职，没有房子，没有车子，我们依然可以很幸福，幸福并不是建立在比较之上，而是珍惜眼前。所以请珍惜眼前的幸福，用感恩的心驱走心底的怨气。

情绪启示

托尔斯泰说：“我并不具有我所爱的一切，只是我所有的一切都是我所爱的。”当一个人内心充满了感恩，那么，他对生活就会充满了爱。而爱自己的生活，就一定会感受到幸福。

1.学会欣赏生活

人们常常身处幸福之中，却感受不到幸福，因为缺少了那份感恩之情。我们每个人都应该学会欣赏生活中一切美好的事物，对身边每一个关爱自己的人心存感激，慢慢地你会发现自己的需求变得越来越简单，心态也越来越平和，你能够从那看似平淡的生活中捕捉到幸福快乐的因子。所以，一个知感恩的人才是心态端正、心理健康、心智成熟的人。

2.珍惜眼前的幸福

一位作家这样写道：“家庭也好，单位也好，部门也好，都是由一个个活生生的人组成的，要实现整体的和谐，需要每一个成员的共同努力，最重要的是大家都应保持健康的心态，应常怀一颗感恩的心。”如果不懂得感恩，心中必会充满抱怨：每天的饭菜都单调又难吃。朋友能出去旅行，而自己呢？每天辛苦工作，工资却少得可怜……怨气占据了人的内心，幸福就会擦肩而过，所以请珍惜眼前的幸福，用一颗感恩的心驱走抱怨的雾气。

感恩是抱怨的解药

英国哲学家洛克说：“感恩是精神上的一种宝藏。”有两个人看着同样一枝玫瑰，一个说：“花下有刺，真讨厌！”另外一个人却说：“刺上有花，真好看！”前一个人盯着毛病不放，在他的生活中充满了抱怨，他注定是不快乐的；而看到花的人，因为怀着一颗感恩的心，尽管刺存在着危险，但是他却闻到了花朵的芬芳，能感受到幸福和快乐。这两个人代表了生活中的许多人，同样是面对生活，有的人心中充满了抱怨，有的人对此却充满了感恩。抱怨者怀着满腹牢骚，这样不仅解决不了任何问题，反而会增加许多不必要的沮丧和烦恼，这样即使遇到了幸福，那有可能福也会变成祸。感恩者用心去体味生活，在他们看来，生活处处是阳光，即使遇到了祸，也能变成福。所以请放下心中的抱怨，长存一颗感恩的心，你会发现自己会更好运。

小恩是快餐店里的一名普通员工，他每天的工作简单且枯燥，需要不停地做许多相同的汉堡，虽然这份工作看起来没有什么新意，但是小恩却感到十分快乐。无论面对多么挑剔或尖酸的顾客，小恩从来都是给予满怀善意的微笑，这么多年来一直如此。小恩那发自内心的真挚快乐感染了许多人，同事有时候会忍不住问他："为什么你能对这种毫无变化的工作感到快乐？到底是什么让你对这份工作充满了热情呢？"小恩回答道："每当我做好了一个汉堡，就想到一定会有人因为汉堡的美味而感到快乐，这样我就感受到了自己的作品带来的成就感，这是一件多么美好的事情啊，因此每天我都感谢上天给了我这么好的一份工作。"

或许，正是小恩这种感恩的心理，使得那家快餐店的生意越来越好，名气也越来越大，最后小恩的事情传到了老板的耳朵里。没过多久，小恩就荣升为快餐店里的店长，他也更加感激自己能拥有这份令人快乐的工作了。

从前，在北边的边塞住着一位名叫塞翁的人，他十分善于推测人世吉凶祸福。有一天，塞翁家里的马从马厩里逃跑了，有人看到马越过了边境跑进了胡人居住的地方，邻居们听说了这个消息，都跑来安慰塞翁："你不要太难过了。"谁料，塞翁一点难过的意思都没有，反而笑着说："我的马虽然走失了，但这说不定是一件好事呢？"

几个月过去了，塞翁的马自己跑了回来，而且随着跟来的还有一匹胡人的骏马。邻居们听说这个好消息后，纷纷跑到塞翁家里来道贺，可是塞翁反而有点担心地说："白白得到了这匹骏马，恐怕不是什么好事！"

塞翁有一个儿子，他十分喜欢骑马。有一天，儿子骑着那匹胡人的骏马外出游玩，结果一不小心就从马背上摔了下来，还跌断了腿。邻居们知道了这个坏消息，就都跑来塞翁家，劝他不要太伤心。没想到，这时的塞翁却一点都不难过，只是淡淡地说："我的儿子虽然摔断了腿，但说不定是件好事呢！"邻居们感到十分诧异，心想，塞翁肯定是伤心过头，脑袋都糊涂了。

没过多久，胡人大举入侵，乡里的所有青年男子都被召去当兵，可是大部分的年轻男子最后都战死沙场。而塞翁的儿子因为摔断了腿不用去当兵，反而保住了性命。

习惯于抱怨的人，即使福到了，也会变成祸；而对于那些心怀感激的人，哪怕是祸来了，也会变成福。曾经有两个人在沙漠里行走，已经艰难跋涉了许多天。两人口渴难忍，这时他们遇到了一位赶骆驼的老人，慷慨的老人给了他们每人半碗水。面对同样的半碗水，一个人抱怨："这太少了，怎么能解渴呢？"在心中怨气之下，他竟将这半碗水泼掉了，另外一个人虽然也知道这半碗水难以解除自己身体的饥渴，但是他怀着一份发自内心的感恩，喝下了那半碗水。后来，拒绝那半碗水的人在沙漠中走完了自己人生的最后路程，而那位喝了半碗水的人则走出了沙漠，开始了全新的生活。

情绪启示

一位哲人说："鲜花感恩雨露，因为雨露滋润它茁壮成长；苍鹰感恩长空，因为长空任它自由飞翔；高山感恩大地，因为大地使它高耸；大海感恩小溪，因为小溪助它辽阔博大。"

1.心灵不要总是被自己占据

萧伯纳说："一个以自我为中心的人，总是在抱怨世界不能顺他的心。"如果一个人的心灵总是被抱怨占据，那么即使是面对再好的东西，他也能从中挑出不好来。

2.感恩会带来好运

要想人生处处充满阳光，我们就应该以感恩代替抱怨，停止抱怨，放弃抱怨，以积极的心态去面对社会，面对这个世界。在很多时候，如果我们用感恩取代心中的抱怨，你就会发现好运接踵而至。

与其抱怨，不如立即改变

英国著名作家奥利弗・哥尔德斯密斯曾说："与抱怨的嘴唇相比，你的行动是一位更好的布道师。"面对生活中的一丁点不如意，人们最普遍的习惯是抱怨，不停地抱怨，抱怨父母不理解，抱怨社会太现实，抱怨朋友的欺骗……于是抱怨成了一种习惯，然而那些不如意的事情、悬而未决的事情并没有得到真正的解决，自己的情绪反而因为抱怨而陷入了恶性循环，这就是抱怨所带来的负面影响。我们所生活的世界每天都在发生变化，关键是，我们自己给这个世界带来了什么样的变化？有的人每天所做的最多的事情就是抱怨这样或那样，这些情绪会逐渐形成负面的改变。对此，心理学家认为，学会关注他人，尊重他人，为其提供礼貌、周到的服务，则会产生积极的改变。所以停止抱怨，将这样一种怨气转变为实际行动的力量吧！

从前，印度有一位年老的大师，在他身边有一个喜欢抱怨的弟子。有一天，大师让这个弟子去买盐，等到弟子回来后，大师吩咐这个喜欢抱怨的弟子抓一把盐放入一杯水中，然后喝掉那杯水，弟子按照师傅的吩咐一一做了，大师问道："味道如何？"龇牙咧嘴的弟子吐了口唾沫，说道："苦！"

大师一句话没说，又吩咐弟子把剩下的盐都撒入了附近的一个湖里，大师说："你再尝尝湖水。"弟子用手捧了一口湖水，尝了尝。大师问弟子："这湖水是什么味道？"弟子回答说："味道很新鲜。"大师继续追问："你尝到咸味了吗？"弟子回答说："没有。"这时大师才微微一笑，说道："其实，生命中的痛苦就像是盐，我们在生活中所遇到的痛苦就这么多，但是体验到的痛苦却取决于将它放在多么大的容器里，所以面对生活中的不如意，不要成为一个杯子，老是抱怨，而是成为湖泊，去包容它，通过实际行动来改变自己的现状。”弟子若有所悟地点点头。

什么是抱怨呢？有人说这是一种宣泄，一种心理不平衡，似乎抱怨可以将那些不如意的事情发泄出来。每天每个人可能都会面对许多不如意的事情，如果只是一时的抱怨，这还可以接受，但是有时候抱怨久了就会形成习惯，反而加重了对现实的不满。

王小姐是公司负责企划案的经理，最近手头刚刚接了一个企划案，可是需要另外一个部门的配合才能有效地执行。可是令王小姐感到苦恼的是，自己的搭档因为觉得给她安排的工作量太多，不愿意去做，还责怪王小姐：“我最近都很忙啊，你还拿这样的企划案来找我，真是没事找事。”王小姐心中一肚子怒火，忍不住找同事抱怨：“咱们都是为工作，我们行，她怎么就不行呢？”说着说着，王小姐发现自己的怒火越来越大，甚至哪怕是看见那个部门的员工，心中的火气就“腾”地一下冒起来了。

不过，抱怨了事情也还是没有解决，王小姐意识到这根本不能解决问题，而是需要沟通。她心想：抱怨毕竟只是发泄，解决不了问题，既然是为了工作，那就是对事不对人，我应该与她沟通。后来，王小姐找了一个机会把自己的意图跟工作中的搭档解释了一下，对方竟欣然接受了，还说即使加班也要完成工作。工作任务完成之后，王小姐舒了一口气，说道："如果当初我继续抱怨下去，就会影响我跟她继续合作的情绪，工作肯定完成不了，看来以后我得少抱怨，多行动才行啊！"

有时候，我们在工作中会遇到一些人际问题，有的人处理方式是跟其他人抱怨，这无疑是制造了一个"三角问题"，自己和工作搭档有问题，却和另外一个人去讨论这些事情。事实证明，一味地抱怨根本解决不了问题，扭转事情现状最有效的方式是改变，而只有行动才能改变事情。所以，请停止抱怨，放弃抱怨，立即开始行动吧！

情绪启示

1.过分抱怨会令人丧失行动力

阿尔伯特·哈伯德曾说："如果你犯了一个错误，这个世界或许会原谅你，但如果你未做任何行动，甚至你自己都不会原谅你。"抱怨只是一种语言而不是行动，当一个人过多地被语言困扰的时候，他就会失去行动力。当然，想要将抱怨转化为动力，我们还需要拥有开阔的胸襟，只有看透了抱怨的实质，我们才有可能将怨气化为动力。

2.行动比抱怨更有效

一个人来到这个世界上，面对生活中的诸多不如意，我们只有两个选择，要么接受，要么改变。抱怨成了接受事实的一个阻碍，我们总是认为：这件事对我是不公平的，这样的事情怎么会发生在我的身上呢？我怎么能接受这样的事情呢？一种强烈的倾诉欲望开始萌发，我要去对别人诉说，以此证明我的无辜和委屈。于是在我们抱怨的时候，就已经失去了去改变这件事情的机会。那么当我们无休止抱怨的时候，有没有想过比抱怨更好的解决方法呢？

要想成为一个强者，必先无怨

成功只会垂青那些积极主动的强者，只要你敢于担当，勇于接受来自生活的挑战，那么任何艰难险阻都会变成坦途。对一个强者来说，任何事情他们都会尝试着去做，因为敢于去做，事情到最后都会自然而然地变得顺畅。我们会发现，那些原本让自己思虑重重的困难，竟然只是一件小事，根本不值得抱怨。真正的强者从来不抱怨，他们总是会把那些消极的想法从内心中扫除殆尽，让自己的内心充满阳光、充满希望。相反，一个软弱、无能的人，他的生活总是充满了抱怨，因为无力改变现状，或者是内心根本没有想要改变现状的意识，因此他们除了抱怨，别无他法。抱怨者内心充满了怨气，既没有解决事情的能力，同时又特别容易后悔；强者，他们有着卓越的能力，在他们心中，没有怨言，因而他们做任何事情都不会后悔，强者比抱怨者更能接近成功。

小李和小王是大学同学，大学毕业后，两人签了同一家公司，更有趣的是，两人居然被分到同一个办公室，成了同事。小李在大学就是赫赫有名的人物，担任学生会主席，沟通能力和处理问题的能力都很强；小王虽然成绩优秀，但是在大学没有参加社团活动，为人处事能力较弱。

在办公室里，挂着职称的科长和两名副科长都不负责做具体业务，另外两位员工年纪稍大，觉得升迁无望，每天就只想着混日子，一旦有任务分配下来，他们自然会推给小李和小王："小伙子，多锻炼，对自己有好处……"小李每次都欣然答应，做事情十分积极，小王则相反，他觉得同样都是在办公室工作，怎么就自己一个人像打工的，接到新任务不积极，心中怨气也越来越大。

前不久，公司领导决定在家属楼后面的空地上建一座三层小楼，作为健身中心，这项任务自然落到了办公室里。小王知道艰巨的任务又来了，索性在第二天请了病假，最终由小李接下了这个工作，科长还不断嘱咐小李："抓紧时间啊，这可是关系到全公司职工的切身利益啊。”接下来的一个月时间里，小李天天往城里跑，把那些有名的健身中心都找了个遍，又是拍照，又去图书馆查资料，每天忙得晕头转向。而小王和其他人则在办公室里休闲地喝着茶，看着报纸。没过多久，小李将图纸交给了科长，因为设计比较成功，还受到了嘉奖。小王则在旁边抱怨：“哎，早知道当初我应该来接这个任务，领导太不公平了，知道那天我请假就无视我的存在，如果我接到了任务，说不定比他完成得还要漂亮……”

后来，只要小李得到了上司的嘉奖，小王都要抱怨一番：“领导对我太不公平了……”刚开始的时候，办公室同事还对小王说些打抱不平的话，可是时间久了，大家也不怎么关心了，反而会在背后议论：“自己没本事就别吱声嘛，见不得人家好，谁知道他每天的抱怨怎么那么多，还不是自己无能，否则领导怎么会不重用你呢……”

罗斯福说：“未经你的许可，没有任何人能够伤害你。”有的人自己办不了事情，别人受到了夸奖，他还会到处抱怨：“其实我很有能力的”“他凭什么就能得到领导的重用啊”“这件事我会比他做得更好，可领导偏偏不找我嘛”。但是，真正的结果呢，却是自己没有能力，心中才充满了抱怨。真正的强者，他所关注的是如何解决问题，如何完成这件事情，而不是去抱怨，所以强者最后会在努力中赢得成功，而无能的人只能在抱怨声中销声匿迹。

情绪启示

有一句话说得好：“多数人都想改造世界，但却很少有人想改造自己。”左右一个人成功的因素会很多，但是，如果你连自己都不想改变，你会是一个成功者吗？许多人习惯抱怨社会，抱怨他人，抱怨自己，可是有人想过这是否是因为自己不够强大而导致的呢？

1.要想成为强者，必先无怨

一个人只有把自己定位在“弱者”的位置上，他才会觉得任何事情都无法改变，从而变成了一个抱怨者。可是为什么不让自己变得强大起来呢？努力改变自己，使自己变得强大起来，才能成为真正的强者，这样你就不会有任何怨言了。我们要记住这样一个道理：要想成为一个强者，必先无怨。

2.弱者只会抱怨

现实生活中，我们会发现，人们总是欣赏那些积极主动的强者，同时还会对其充满敬佩之情。可是在这个世界上，真正的强者并不多，有的人动不动就说“这个社会怎么怎么样”“我简直是英雄无用武之地”，其实说出这样话的人本身不是什么强者，因为强者绝不是这样的态度。

3.抱怨只会使你更加无能

面对人生的诸多不如意，抱怨只会让自己变得更加无能，而一个强者是不会抱怨这些的。强者往往是通过改变生活来解决问题，而弱者则是被生活改变，所以弱者成了最后的抱怨者，强者却走向了成功。

第9章

与其嫉妒，不如努力向前

法国作家拉罗什富科曾说：“嫉妒是万恶之源，怀有嫉妒心的人不会有丝毫同情。”嫉妒是一种偏执的心理，喜欢嫉妒的人总是没办法正视别人的优点，比如对方的美貌，对方的才能，对方的家庭背景等。如果用一句话来形容嫉妒，还是那句谚语说得好“好嫉妒的人会因为邻居的身体发福而越发憔悴”。

被嫉妒，能证明你的优秀

托尔斯泰说：“嫉妒是一种可耻的感情。”在现代社会，竞争日益激烈，嫉妒这种“可耻的感情”非但没有绝迹，反而有滋生蔓延之势。那些卑劣的落伍者，总是花费大量的精力和时间来嫉妒、怨恨，看着别人领先了自己就眼红，心生嫉恨，甚至为了报复而不惜任何代价，不择手段，可是嫉妒换来的只是一种比痛苦更深沉的情绪。如果你觉得别人有优秀的地方，或者感觉自己某些方面有所欠缺，那么放下心中的嫉妒吧，消除内在的不满情绪，增长自己的士气，努力拼搏后，你会发现自己也成了那片让人羡慕的风景。古人说：“木秀于林，风必摧之；堆出于岸，流必湍之；行高于人，众必非之。”因此，面对那些令我们羡慕、嫉妒的人，抱怨、憎恨并不是明智之举，只有放下心中的怨恨，化嫉妒为动力，努力拼搏，让自己达到一定的高度，你会发现当初自己嫉妒的不过是自己而已。

有一个人，他总是嫉妒朋友有稳定的工作，有家庭有孩子，而自己却漂泊无依，最终两人因此断交。这个人使尽了所有招数来超过这位昔日的朋友，想找一个比他更好、更稳定的工作，但每次都以失败告终。

于是这个人幻想那位朋友所有的缺点，幻想着那位朋友日后由于这些缺点而造成重大损失。这个人自认为十分了解这位朋友，才做出了这样的判断，并且确信自己预言的悲惨情况一定会发生。不过令他失望的是，自己所预言的情况并没有发生，那位朋友反而生活得越来越好。

渐渐地，他不再嫉妒那位朋友了，他觉得自己心中的那位朋友并不是现实中真正的那位朋友，而是自己幻想出来的。那位朋友的童年、爱情，自己并不太了解，他的嫉妒不过是自己和自己较劲。明白了这些，这个人心中的嫉妒就消失大半了。虽然这个人创业最后还是失败了，但是在最终失败的时候，他终于释然了，经过了人生的千辛万苦，他终于不再嫉妒任何人，内心变得无比的平和与安静。

当我们在嫉妒某位同事的工作能力时，我们总是注意到对方的优点，却没有注意自己比对方强的地方。其实，生活中的每一个人都会有不如别人的地方，当对方在某方面超过我们的时候，我们可以有意识地想一想自己的长处，这样就会使自己失衡的心理重新恢复平衡。

情绪启示

黑格尔说："有嫉妒心的人自己不能完成伟大的事业，便去低估他人的伟大，贬低他人的伟大，使之与他本人相齐。"如果达不到这样的目的，嫉妒者就会采用种种卑劣的手段，惹出更多的是非来，结果总是偷鸡不成蚀把米。

1.成为别人羡慕嫉妒的对象

一个人赢得上司的重视，一定要凭借着自己那强烈的嫉妒心吗？你越是嫉妒，其实越是长他人志气，灭自己威风。因此不如收敛自己的脾气，控制自己的情绪，为自己打气，当你通过了一番拼搏站在了成功的位置上，再让别人来对你羡慕、嫉妒吧！

2.嫉妒并非能让自己超越别人

在非洲，当一头雄狮猎获了一只猎物准备美餐或家族享用的时候，另一些狮子会产生嫉恨：为什么你能逮住我就逮不住，对不起，我需要享用你的战利品。于是，在狮子之间展开了一场争斗。可见，嫉妒并不能使自己超越别人，不如承认自己，改变自己，奋起直追，这样未来才有希望。对别人产生了嫉妒心并不可怕，关键是我们能不能正确看待嫉妒心。不妨借着嫉妒心理促使自己奋发努力，化嫉妒心为动力，超过对方。

与其嫉妒，不如去寻找失败的原因

周国平在《论嫉妒》一文中这样写道：“嫉妒是对别人的快乐所感觉到的一种强烈而阴郁的不快。在人类心理中，也许没有比嫉妒更奇怪的感情了。一方面，它极其普遍，几乎是人所共有的一种本能。另一方面，它又似乎极不光彩，人人都要把它当作一桩不可告人的罪行掩藏起来。结果，它便转入潜意识之中，犹如一团暗火灼烫着嫉妒者的心，这种酷烈的折磨真可以使他发疯、犯罪乃至杀人。”这似乎道出了嫉妒心的特点，实际上，在我们每个人身上，或多或少都会存在一些嫉妒心理，要想避免嫉妒心理，我们应该学会正视它，只有正视自己的嫉妒心，我们才能挖掘出自己的“失败点”。

一个人由于内心的嫉妒，自己会置身于一种心灵的地狱之中，不断遭受着折磨，但是最后他却一无所得，只剩内心无比的痛苦。嫉妒既害人又害己，对他人来说，嫉妒者本身的流言、恶语、陷害、造谣等，往往会给他人造成巨大的伤害；对自己来说，嫉妒伤身又伤心，嫉妒者把时间用在阻碍和憎恨别人身上，而不是潜心修炼自己的内心。所以，嫉妒不仅折磨嫉妒者本人，也危害那些被嫉妒的人。如果你心中常怀嫉妒之心，你需要正视它，不断地反省自己，改善自己的品行。

在战国时期，秦国常常欺侮赵国。有一次，赵王派大臣蔺相如到秦国去交涉，蔺相如见了秦王，凭着自己的机智和勇敢，给赵国争得了不少面子，秦王见赵国有这样的人才，就不敢再小看赵国了，而回到赵国的蔺相如，当即被封为“上卿”。赵王如此看重蔺相如，这可气坏了赵国的大将军廉颇，心想：我为赵国拼命打仗，功劳难道不如蔺相如吗？他不过只凭了一张嘴，有什么了不起的本领，地位倒比我还高！廉颇越想越不服气，嫉妒心开始滋生，他怒气冲冲地说：“我要是碰到蔺相如，要当面给他点儿难堪，看他能把我怎么样！”

廉颇的这些话传到了蔺相如的耳朵里，蔺相如立即吩咐手下的人，让人们以后碰着廉颇手下的人，千万要让着点儿，不要和他们争吵。廉颇手下的人，看见上卿这样让着自己的主人，更加得意忘形，见到廉颇手下的人，就嘲笑他们，蔺相如手下的人受不了这个气，跟蔺相如说：“您的地位比廉将军高，他骂您，您反而躲着他，让着他，他越发不把您放在眼里啦！这么下去，我们可都受不了了。”蔺相如却心平气和地说：“我见了秦王都不怕，难道还怕廉将军吗？要知道，秦国现在不敢来打赵国，就是因为赵国文官武官一条心，我们两人好比是两只老虎，两只老虎要是打起架来，不免有一只要受伤，甚至死掉，这就给秦国造成了进攻赵国的好机会，你们想想，国家的事要紧，要是个人的面子要紧？”

蔺相如的这番话传到了廉颇的耳朵里，廉颇惭愧极了，想到自己的嫉妒之心真的是不应该。正视了自己的心理后，廉颇毅然脱下战袍，露着肩膀，背了一根荆条，直奔蔺相如家，廉颇对着蔺相如跪了下来，双手捧着荆条，请蔺相如鞭打自己，蔺相如却将廉颇扶了起来。从此，两人成了很好的朋友。

蔺相如宽广的胸怀，让廉颇意识到了自己嫉妒心的危害。廉颇正视了自己的嫉妒心，清醒地意识到自己的错误，做出“负荆请罪”的义举，最终将嫉妒心扼杀在摇篮之中，从而赢得了一个朋友。面对嫉妒，应该承认它，接受它，进而消灭它。因为当你抵制一种情绪的时候，往往会消耗你更多的能量；相反，如果你接受嫉妒这种情绪，你就能以平常心看待它，最终这种坏情绪就会消失。

情绪启示

嫉妒是人普遍存在的一种心理。每个人都会无可避免地产生嫉妒心理，但我们可以将嫉妒心理所带来的危险系数降到最低，而在之前我们所需要做的第一件事就是“正视自己的嫉妒心”。

1.好嫉妒的人无法容忍别人

好嫉妒的人不能容忍别人的快乐与优越。在嫉妒心理的刺激下，他们会用各种方式去破坏别人的快乐与幸福，有的人会用流言蜚语来恶意中伤他人，有的人用打小报告来排挤对方。

好嫉妒的人，他们的内心既自卑又阴暗，几乎享受不到阳光的美好，也体会不到生活的乐趣。

2.嫉妒是人性的弱点之一

嫉妒是人性的弱点之一。它是一种比较复杂的心理，包括了焦虑、恐惧、悲哀、猜疑、羞耻、怨恨等不愉快的情绪。他们嫉妒的对象可以是天生的好身材、美丽的容貌以及他人身上显露出来的聪明才智，另外，一些社会评价，诸如金钱、地位、荣誉等也会成为他们嫉妒的对象。

与其内心不平衡，不如拼搏

不知道从什么时候开始，人们嘴里开始念叨着“羡慕、嫉妒、恨”，这样一种情绪竟然成了一句流行语。人们陷入不满情绪而无法自拔，羡慕是一种向往、崇拜，同时，它也是嫉妒的萌芽。一个人对他人充满了嫉妒，其中肯定夹杂着羡慕的情绪；嫉妒是羡慕的扭曲，当羡慕不能改变自己的现状，他人依然有着自己不能超越的能力时，羡慕就可能会递增为嫉妒；恨，则是嫉妒的极限，它是由嫉妒心延伸的，总见不得别人的好，心底就会对某人产生憎恨的情绪。“羡慕、嫉妒、恨”看起来更像是一种修辞，不仅强化了中心词“嫉妒”的表达效果，同时包含了嫉妒的来龙去脉，即嫉妒到底是源自哪里，又将演变成什么。可是“羡慕、嫉妒、恨”又能怎么样呢？那些我们不能改变的东西依然改变不了，无论是羡慕、嫉妒，还是恨，都只是我们自己的情绪表达，所伤害的其实只是自己，给他人增添不了多少烦恼。与其“羡慕、嫉妒、恨”，不如“努力、奋斗、拼”，化嫉妒为动力，如此这样，我们才能将嫉妒之心消灭。

从前，有个人饲养了山羊和驴子，主人总是给驴子喂充足的饲料，而山羊每顿只能吃得七八分饱。对此，嫉妒心很重的山羊对驴子说：“你一会儿要推磨，一会儿又要驮沉重的货物，十分辛苦，不如装病，摔倒在地上，这样便可以休息了。”驴子听从了山羊的劝告，摔得遍体鳞伤。主人请来了医生，为驴子治疗，医生说：“将山羊的心肺熬汤作药给驴子喝，这样才可以治好。”于是，主人马上杀掉了山羊，去为驴子治病。

这是《伊索寓言》里的一个故事，嫉妒心强的山羊对驴子怀恨在心，假装为其出主意，实际上却是想将驴子置于死地，但是没想到被嫉妒心吞噬了自己，在充满仇恨的报复行为中竟然将自己也不小心“算计”了进去。如此看来，“羡慕、嫉妒、恨”就如同一个无底的山洞，不仅埋葬了别人，同时也埋葬了自己。

小王和小李是大学同学，大学毕业后，他们进入了同一家公司。或许，在别人看来，这是多么奇妙的缘分，可对于小王却是有苦说不出。原来，两人虽然是大学同学，却也是大学时代的竞争对手。在班里，小王是班长，小李是副班长，学习成绩彼此不相上下，如果小王在歌唱大赛中得奖了，那么，小李肯定会在诗歌朗诵中取得优异的成绩。在各方面，小李似乎都略胜一筹，这让小王感觉大学生涯无比痛苦。小王克制不了自己对小李的嫉妒，每次只要听到小李有了什么成绩，小王心中就会产生一种深深的恨意。

上班第一天，小李友好地向小王打招呼，没想到小王只是冷冷地回看了小李一眼。小王在心里暗暗下决心：这一次，我一定要超过你！可是小王在第二天就遭受了打击，小李被任命为经理助理，职位一下子就高了很多，小王忍不住说了句风凉话："没想到，你还是跟大学一样，手段了得。"小李忍住心中的不快，笑着说："你说话总是这样犀利，其实你也可以的，不妨把对我的恨意化作动力吧！"小王呆住了，自己以前那么嫉妒、那么仇恨，可是什么都没有改变，小李还是那么优秀。如果早就将那种羡慕、嫉妒、恨化作努力、奋斗、拼搏，自己或许早就摆脱苦海了。

培根说："人可以容忍一个陌生人的发迹，但绝不能忍受一个身边人的上升。"虽然，距离产生美，但是，近距离的接触却只会产生嫉妒。一个人一旦心生嫉妒，他就变得"卑劣"

了，他会静静地待着，等着你出现错误，甚至开始处心积虑地为别人制造出一些麻烦。一般的嫉妒，只会停留在心理层面上的“恨”，对他人并不会造成多大的伤害；而强烈的嫉妒心，会促使他采用一切卑劣的手段来提升自己的高度。

情绪启示

阿部次郎在《人格主义》里写道：“什么是嫉妒？那就是对于别人的价值伴随着憎恶的羡慕。”嫉妒源自羡慕，不过也有很大的差异：羡慕是指看到别人有某种长处、好处或有利条件，希望自己也能获得同样的东西；嫉妒是指看到别人拥有这些东西，产生情绪抵触，顿时心生恨意。“羡慕、嫉妒、恨”刻画了嫉妒的成长轨迹，羡慕只是嫉妒的表层，恨才是嫉妒的核心。

1.嫉妒的憎恨是一种病态

歌德这样描述“嫉妒”与“恨”的关系：“憎恨是积极的不快，嫉妒是消极的不快，所以，嫉妒很容易转化为憎恨，就不足为奇了。”其实，嫉妒心是人天生具有的一种情感，谁没有嫉妒过别人呢？只是，每个人嫉妒心的强弱程度不同，微弱的嫉妒可以激发人的进取心和竞争意识，这根本不算什么坏事；但是如果一个人的嫉妒心过于强烈，时间长了，人就会陷入一种病态心理。

2.将嫉妒转化为拼搏

嫉妒源于不如人，对一个人来说，若是被人嫉妒，这是一种精神上的优越和快感；嫉妒别人，只会透露自己的懊恼、羞愧，打击自己的自信心。所谓“学到知羞处，方知艺不精”，当你嫉妒一个人的时候，是否意识到自己的短处呢？古人说：“临渊羡鱼，不如退而结网。”不要对他人产生“羡慕、嫉妒、恨”这样的情绪，而是化嫉妒为动力，自觉地将“恨”转化为“拼”，自强不息，让自己真正地进步！

缺乏自信，是嫉妒的重要原因

古人曰：“人有才能，未必损我之才能；人有声名，未必压我之声名；人有富贵，未必防我之富贵；人不胜我，固可以相安；人或胜我，并非夺我所有，操心毁誉，必得自己所欲而后已，于汝安乎？”嫉妒是毒害纯洁感情的毒药，是吞噬善良心灵的猛兽，是丑化面容的黑斑，来源于你心中的狭隘与不自信。其实，嫉妒是无能的表现，因为自己不能达到对方的高度，不能获得对方所获得的荣誉，只好用嫉妒心理来维护自己的自尊。培根曾说：“在人类的一切情欲中，嫉妒之情恐怕是最强烈、最持久的了。”人们容易产生嫉妒的心理，总觉得自己处处不如别人，埋怨上天的不公平。虽然“嫉妒之心，人皆有之”，但是如果这种心理疾病不及时根除，那嫉妒就会越来越紧地束缚我们的内心，使我们的内心透不过气来。

在《三国演义》里，有众人皆知的诸葛亮三气周瑜的故事。

赤壁之战结束后，孙刘两家均欲取荆襄之地，如此一来，才能全据长江之险，与曹操抗衡。刘备屯兵在油江口，周瑜知道刘备有夺取荆州的意思，便亲自赶赴油江与刘备谈判。谈判之前，刘备心中忧虑，孔明宽慰说：“尽着周瑜去厮杀，早晚教主公在南郡城中高坐。”后来，周瑜在攻打南郡时付出了惨重的代价，不仅吃了败仗，自己还身中毒箭，不过周瑜还是将曹仁击败。可是当周瑜来到南郡城下，却发现城池已经被孔明袭取，周瑜心中十分生气：“不杀诸葛村夫，怎息我心中怨气！”

周瑜一直想夺回荆州，先后多次与刘备谈判却均没有好的结果，这时刘备夫人去世。周瑜便鼓动孙权用嫁妹之计将刘备诱往东吴而谋杀之，继而夺取荆州。没想到此计又被诸葛亮识破，将计就计让刘备与吴侯之妹成了亲。到了年终，刘备以孔明之计携夫人几经周折离开东吴，周瑜亲自带兵追赶，却被云长、黄忠、魏延等将追得无路可走。顿时，蜀军齐声大喊：“周郎妙计安天下，赔了夫人又折兵！”这次，周瑜气得差点昏厥过去。

过了一段时间，周瑜被任命为南郡太守，为了夺取荆州，周瑜设下了“假途灭虢”之计，名为替刘备收川，其实是想夺荆州，不想再次被孔明识破。周瑜上岸后不久，就有大陆人马杀过来，言道“活捉周瑜”，周瑜气得箭疮再次迸裂，昏沉将死，临死前还长叹：“既生瑜，何生亮！”

周瑜本聪明过人，才智超群，但却心胸狭隘，对于比自己技高一筹的诸葛亮耿耿于怀，心生嫉妒，最终落得个气绝身亡，怀恨而死。嫉妒是一种心理病态，宛如毒药。周瑜被嫉妒之心所侵蚀，最后无疑自饮毒酒，因嫉妒而死。我们不难发现，嫉妒之源来自两方面，一是心胸狭隘，二是对自己不够自信。试想，如果周瑜能够心胸开阔，对自己充满自信，他也许就不会英年早逝。

另外，我们可以清晰地发现，嫉妒心理是具有等级性的，通常情况下，人们只会嫉妒与自己处于同一竞争领域的比自己表现优越的人，而不会嫉妒与自己不在一个领域中的人。周瑜嫉妒诸葛亮，也是因为诸葛亮与自己是处在同一个领域，而且诸葛亮的能力比自己强，而他不会去嫉妒与自己不处于同一领域的，比如曹操、孙权。

情绪启示

曹丕忌惮曹植，终留下了把柄：“煮豆燃豆萁，豆在釜中泣。本是同根生，相煎何太急。”对自己的不自信，以及内心的狭隘，常常使我们的嫉妒心理愈加严重，若不及时抽身而出，反而会被嫉妒所吞噬。古人曰：“欲无后悔须律己，各有前程莫妒人。”好嫉妒的人自私而狭隘，他们往往自大，总想高人一等，容不下比自己强的人，看到周围的人超过了自己，要么就设法贬低对方，要么就陷害对方。那么我们如何才能冲出嫉妒的黑网呢？

1.不自私，不嫉妒

巴尔扎克说：“嫉妒潜藏在心底，如毒蛇潜伏在穴中。”嫉妒的人一定是自私的，而自私的人肯定是有嫉妒心理的。嫉妒和自私就犹如孪生兄弟，彼此不可分割。如果一个人的内心不自私，不存在狭隘的心理，那么他是不会对他人充满嫉妒之心的。因为嫉妒，他不希望别人比自己优越；因为自私，他总是想剥夺别人的优越。喜欢嫉妒的人不愿意说一句好话，因为他们狭隘的心理容不下别人的长处，他以说别人的坏话来寻求一种心理上的满足。在生活中，喜欢嫉妒的人是没有朋友的，因为他把所有比自己强的人都视为敌人，却又瞧不起那些比自己弱的人。

2.正确认识自己

我们应该正确认识自己，看到自己的优点，尽早从病态的自尊心和自卑感中解脱出来，正视自己与他人之间存在的差距，与其嫉妒别人，不如学习对方的长处，这样思想解脱了，心灵才会从嫉妒的黑网中解脱出来。所以我们要学会正视自己，扬长避短，努力冲破嫉妒的黑网，重新走向豁达广阔的天地。

比较是滋生嫉妒情绪的温床

明代吕坤说：“气忌盛，心忌满，才忌露。”嫉妒是一条毒蛇，它专门啃噬人的心，我们常常会说“羡慕”，却很少提及嫉妒，似乎总想掩藏内心的秘密。其实嫉妒和羡慕本是同根生，在某方面别人有你所没有，别人能你所不能，羡慕和嫉妒就产生了。有人说，羡慕是嫉妒的华丽转身，羡慕中多了一丝向往，嫉妒中多了一丝怨恨。在日常生活中，我们常常会听到嫉妒的声音：“你看，隔壁的王先生多潇洒，楼下的阿松自己买了小车，对面的小张刚刚炫耀说又订了一套别墅，看看我们自己，还住在筒子楼，要钱没钱，要车没车，工作也不好……”俗话说：“人比人，气死人。”虽然比较是一种常见的心理活动，但是如果我们时刻用消极的心态去攀比，贪恋虚荣，不仅会在比较中迷失自己，心中也会燃起嫉妒的熊熊大火。

在东南亚一带，流传着这样一个故事：

有一个人遇到了上帝，上帝对他说："从现在起，我可以满足你任何一个愿望，但前提是你的邻居会同时得到双份的回报。"那人高兴不已，但是他仔细一想：如果我要得到一份田产，邻居就会得到两份田产；如果我要得到一箱金子，邻居就会得到两箱金子；更要命的如果我得到一个绝色美女，那个看来一辈子打光棍的家伙就会同时得到两个绝色美女了。他想来想去，不知道提出什么要求才好，他实在不甘心让邻居占了便宜。最后，他一咬牙，和上帝说：哎！你挖掉我一只眼睛吧！

泰戈尔说："孤独的花儿，不要嫉妒繁密的刺儿。"这个故事所反映的是东方式的嫉妒。如果人们在嫉妒心理中循环，那么生活中所有美好的东西都将变成嫉妒的陪葬品。由狭隘、自私而产生的嫉妒是消极的，在比较心理下，嫉妒心会成为我们前进的绊脚石，使自己陷入痛苦的深渊，而无法自拔。其实，人生就是一道加减法，有得必有失，幸福和快乐是不可比较的，因为它没有止境，也没有具体的标准。如果你总是纠结于比较，那么，你永远都是吃亏的那一个，因为他们在比较时常常忽略了自己的幸福，我们应该懂得这样一个道理：比上不足，比下有余。

早上，王雯穿着新买的裙子去上班，心里别提多美了，心想：这身打扮应该会把办公室那群人给比下去，不知道多少人会称赞自己有品位呢。她一边想一边乐，忍不住对着公司大门的镜子整理头发。来到办公室，王雯还没来得及炫耀自己的新裙子，就看到一大群女同事围着李倩，大家嘴里发出阵阵赞叹声。王雯心中顿感不快，挤着围过去一看，原来李倩今天也穿了新裙子，不过无论是款式还是质量，都在自己所穿的裙子之上。王雯看了一眼，满脸不屑，气冲冲地走了，身后传来同事的议论："她总是这副样子，爱比较，比了又生气，真是搞不懂这个人……""可不是嘛，要我说啊，就是嫉妒心在作怪，每次都这样子，都已经习惯了"。

听到同事的议论，王雯腾地生起了怒火，她回过头，大声责问道："你们说谁呢？"同事纷纷走开了，只留下脸红脖子粗的王雯。生气的王雯进了卫生间，对着镜子重新审视自己的裙子，越看越生气，一气之下，王雯拉着裙子的下摆猛地一扯，本来只是发泄心中的怨恨，没想到新买的裙子居然被扯出了一条长长的口子。看着镜子中的自己，王雯气得哭了起来。

对一些私心较重、心理欲望较高的人来说，他们时常会因为攀比把自己气得够呛，到最后他们也不知道事情到底错在哪里。心胸狭窄的人，总喜欢以己之长比人之短，喜欢计较个人名利得失，越比较越是痛苦，感觉自己真的"吃了亏"或"运气不好"，甚至开始抱怨自己是"生不逢时"。看到自己的朋友当了官、发了财，自己心里就很不平衡，总想着之前他还不如自己呢，但是却不去思考对方取得成功的原因。

情绪启示

对此，有人却一语道破玄机：“人活着就不能把金钱、荣誉、地位看得太重，其实，拥有10万存款和拥有100万存款的人没什么两样，都是一日三餐，无非他们是吃海鲜，我们吃虾皮；他们开奥迪，我们开奥拓。前面有坐轿、骑马的，后面有推车的，我们就是那中间骑驴的，比上不足，比下有余，所以知足常乐吧，哪来这么多嫉妒。”

1.弱者的思路是嫉妒，强者的出路是竞争

智者说：“弱者的思路是嫉妒，强者的出路是竞争。”当自己在与别人作比较的时候，为什么不试着改变自己的心态呢？以乐观积极的心态，化嫉妒为动力，鼓励自己不断前进，这样我们才会越来越接近对方，嫉妒之心也会消失不见。而那些热衷于比较且贪恋虚荣的人，早晚会意识到自己的错误。在这个世界，没有绝对优秀的人，我们身上总是有着这样或那样的缺点，在与他人比较的过程中，会生出诸多嫉妒之气，在这时候，就要控制自己的情绪，如果任意妄为，则只会越想越生气，心情自然就会郁结起来。

2.不比较，自然没有嫉妒

在生活中，人们内心那种攀比心理、虚荣心理，会逐渐将自己逼近一个无底的深渊。许多人有一份稳定的工作，拿着固定收入，但却总是与那些做生意发财的人相比，这样一比较，除了一丝羡慕全是嫉妒，心想：凭什么他们能赚那么多钱。他们因此而常常抱怨生活，总是看这里不顺眼，看那里不顺眼，甚至将这种嫉妒、怨恨的心态推己及人，给身边的人带来极大的伤害。

珍惜自己手中的幸福

周国平说：“伟大的成功者不易嫉妒，因为他远远超出一般人，找不到足以同他竞争、值得他嫉妒的对手。一个看破了一切成功之限度的人是不会夸耀自己的成功，也不会嫉妒他人的成功的。”嫉妒是由于他人胜过了自己而引起的消极情绪体验，当看到同事比自己有能力时，心里就会酸溜溜的，很不是滋味，不自觉就会对其产生憎恶、羡慕、愤怒、怨恨、猜疑等一系列复杂的情感。

一般而言，好嫉妒的人，不能容忍别人超过自己，常常害怕别人得到了自己无法得到的名誉、地位等，因为在他们看来，自己办不到的事情别人也不能办成，自己得不到的东西别人也不能得到。然而在这个世界上，每个人都是独特的，或许从某一方面来看，对方是比自己优越，但是在另外一些方面，自己所拥有的却是对方未必能得到的。

从前，有一位贫穷的农夫，他有一位非常富有的邻居。邻居家有一个很大的院子，有一栋非常漂亮的房子和一辆漂亮的马车。对此，农夫对邻居十分嫉妒，心想：他一个人住那么大的房子，可我呢？一家五口人挤在一个小草房里，上天真是太不公平了。每次遇到这位邻居，贫穷的农夫都会冷漠地走开，似乎这样一种姿态可以满足自己的自尊心。到了晚上，农夫就开始痛苦了。他翻来覆去就是睡不着，总想着自己能住上邻居那样的大房子，他向上天祈祷：让那位富有的邻居变得像自己一样贫穷吧，不然自己会被嫉妒之心气死的。

后来，村子里来了一位智者，据说他能给那些痛苦的人指引道路，从而让他们过上快乐的日子。农夫觉得自己也应该去看看，到了那里，他发现已经排了很长的队伍，而排在自己前面的不是别人，就是那位邻居。农夫感到很奇怪："这样一位富有的人也会感到痛苦吗？"邻居进去了，过了半天，农夫还在外面等着。可是直到太阳下山，邻居也没有出来，农夫的嫉妒又开始了："上帝真是不公平，怎么智者就跟他说了这么多。"终于邻居出来了，那位富人的脸上显露出了从未有过的笑容。

农夫心中一动，急忙走了进去，智者说：“你为何痛苦啊？”农夫回答说：“我总是看我那位邻居不顺眼。”智者微笑着说：“这是嫉妒在作怪，你需要做的就是克制自己，想想自己所拥有的东西。”农夫十分生气：“智者啊，你怎么也那么偏袒呢？给我的邻居那么多忠告，却只给我简单的两句话。”智者说：“你一进来，我就猜到你是为什么而痛苦，可是那位富人进来，我只看到他朴实的外在，看不到他精神的匮乏，详细询问了才知道他的症结所在。”农夫不解：“他也会感到不快乐吗？”智者说：“当然，虽然他比你富有，房子比你大，但是他只有一个人，而你呢？你还有贤惠的妻子和可爱的孩子，现在你再想想，你所拥有的是不是他所缺乏的，这样一想，你就不会痛苦了。”听了智者的话，农夫心中释然了，他感到快乐的日子触手可及。

农夫的嫉妒让自己远离了快乐，陷入了痛苦的深渊，他所看到的只是别人拥有的，而忽略了自己所拥有的。在这样的心理状态下，他会认为凡事都是邻居好，自己似乎什么都差劲，而经过智者的点拨，他发现原来在自己身上还隐藏着一些宝藏，而那些都是那位富裕邻居所缺乏的，自己还有什么值得嫉妒的呢？

情绪启示

有这样一则寓言："猪说，假如让我再活一次，我要做一头牛，工作虽然累点，但名声好，让人爱怜；牛说，假如让我再活一次，我要做一头猪，吃罢睡，睡罢吃，不出力，不流汗，活得赛神仙；鹰说，假如让我再活一次，我要做一只鸡，渴有水，饿有米，住有房，还受人保护；鸡说，假如让我再活一次，我要做一只鹰，可以翱翔天空，云游四海，任意捕兔杀鸡。"

1.清楚自己想要的

似乎，风景都在别处。在生活中，我们总是不由自主地去羡慕、嫉妒别人所拥有的东西，嫉妒别人的工作，嫉妒同事买的新房，嫉妒别人的车子，可是我们却忽略了一点，我们自己也是别人嫉妒的对象。所以守住自己所拥有的，清楚自己真正想要的，我们才会真正地快乐！

2.别忽略自己的幸福

日常生活中，我们常常为那些不存在的东西而怨恨。有的人嫉妒邻居买了新房子，却忽略了自己有一个温馨的家；有的人嫉妒同事买了豪车，却忽略了自己有骑着摩托车的男友接送自己上下班；有的人嫉妒朋友有漂亮的外表，却忽略了自己温和的好脾气。当我们对他人产生嫉妒之心的时候，其实我们已经踏进了痛苦的陷阱，因为你已经忽略了眼前的幸福。

3.别人的风景并不一定适合自己

别人所拥有的并不一定适合自己，而我们所拥有的才是最好的，至少它能够长久地陪伴在我们身边。如果你总是舍弃自己拥有的东西，嫉妒他人所获得的东西，你会发现，自己什么也没有得到，反而徒增了许多烦恼。所以要做最独特的自己，没有必要心生嫉妒，因为你拥有的他却未必能得到。

第 10 章

淡定面对，消除压力中的焦虑情绪

现代社会，“焦虑”这个词语出现的频率不断增加，正如人们所说“我很焦虑”。对生活在大都市的人们而言，他们焦虑的因素很多，生老病死、升职加薪、结婚生子……每天都在为一些事情而焦灼不安。事实上，我们不应总是苛求自己，而是要学会慢慢放松，学会化解内心的焦虑。

自卑者，常常和自己过不去

生气的理由有很多，而许多人之所以生气是因为自己有某些缺点。这样的理由听起来似乎有点令人啼笑皆非，为自己的缺点而生气？如果一个人太自卑，看自己哪里都是缺点，那么他内心的气恐怕是发泄不完的，是源源不断的，或许每天的生活除了生气还是生气。子曰：“不患人之不己知，患不知人也。”对一个人来说，最可怕的事情就是自己不够了解自己，更为严重的是，不懂得欣赏和肯定自己，因为有时候那些莫名其妙的怒火其实是源于内心的自卑。他们习惯对自己挑剔，总是觉得这里不满意，那点也不如意，诸如身高不够高，身材不够性感，脸蛋不漂亮，家庭条件不够好，等等，这一切都可以成为他们生气的理由。对此，心理专家建议我们：不要自生自气，学会肯定并欣赏自己，千万不要自己找气生。

林黛玉刚刚进荣国府的时候，她就获得了一句评语：“心较比干多一窍。”后来，林黛玉看到史湘云挂了金麒麟，宝玉最近也得到了一个金麒麟，林黛玉便开始生气：“便恐就此生隙，同史湘云也做出那些风流佳事来。”于是林黛玉便去偷听，结果却听到了宝玉厌烦史湘云劝他留心仕途经济的话，宝玉说：“林妹妹不说这样的混账话，若说这话，我也和她生分了。”黛玉听到这样的话，“不觉又惊又喜，又悲又叹。所喜者，果然眼力不错，素日认他是个知己，果然是个知己。所惊者，他在人前一片私心称扬于我，其亲热厚密，竟不避嫌疑。所叹者，你既为我之知己，自然我亦可为你之知己矣；既你我为知己，则又何必有金玉之论哉；既有金玉之说，亦该你我有之，则又何必来一宝钗哉！所悲者，父母早逝，虽有刻骨铭心之言，无人为我主张。况近日每觉神思恍惚，病已渐成，医者更云气弱血亏，恐致劳怯之症，你我虽为知己，但恐自不能久待；你纵为我知己，奈我薄命何！”

有一次看戏，大家都看出那个演小旦的有点像林黛玉，只是都不肯说，史湘云却是快人快语，一下子就说了出来，林黛玉感觉自己受辱了，马上就生气了。宝玉怕黛玉生气，使眼色给史湘云，本来宝玉是一片好意，黛玉却是更加生气。

后来，黛玉说起宝琴来，想到自己没有姐妹，不免心中怨气，又哭了，宝玉忙劝道：“你又自寻烦恼了。你瞧瞧，今年比旧年越发瘦了，你还不保养，每天好好的，你必是自寻烦恼，哭一会子，才算完了这一天的事。”黛玉拭泪道：“近来我只觉得心酸，眼泪却像比旧年少了些的。心里只管酸痛，眼泪却不多。”宝玉道：“这是你哭惯了心里疑的，岂有眼泪会少的！”

林黛玉自己也明白，自己的病是因性情所起，但是她却没有为之做出改变，真是令人叹息。虽然林黛玉各方面条件都不差，但是父母都已经不在人世，自己又寄人篱下，心中未免有点自卑，这成了其怨气的根源。在林黛玉身上所体现出来的特点是：既才华出众，却又多疑多惧。很多时候，她不懂得欣赏自己，自然就没有办法快乐起来，怨气越来越重，最终成了一种病。

情绪启示

索菲亚·罗兰刚刚进入演艺圈，制片商给予了善意的“建议”：“如果你真的想干这一行，就得把鼻子和臀部‘动一动’。”但是肯定并欣赏自己的索菲亚却拒绝了这样的建议，她说：“我懂得我的外形和那些已经成名的女演员不一样，她们都相貌出众，五官端正，而我却不是这样。我的外表毛病很多，但这些毛病加在一起反而会更加有魅力，说实在的，我的脸确实与众不同，但是我为什么要和别人一样呢？”索菲亚的自我欣赏与肯定，使她被誉为世界上最具自然美的人。

1.你比你想象中还要漂亮

有一个衣衫不整、蓬头垢面的女孩，她长得很美，不过总是表现得满脸怨气。有人跟她聊天，她也显得心不在焉。有一天，一位心理学家惊讶地告诉她："孩子，你难道不知道你是一个非常漂亮、非常好的姑娘吗？""您说什么？"姑娘有些不相信地看着对方，美丽的大眼睛里有泪，但更多的是惊喜。原来在生活中，她每天所面对的都是同学的嘲笑、母亲的责骂，长此以往，她已经失去了自信，而自卑则成了她怨气的根源。

2.接纳自己的缺点

无论自己有怎样的缺陷，都不要嫌弃它，我们需要以一种欣赏的眼光来看待它，因为这个世界并不是都需要大众化的美，更需要一种独特的美，在这一点上，每一个人都应该相信自己拥有与众不同的美。请学会欣赏与肯定自己吧，不要总是在自己身上生气。事实上，每个人都不是完美的，但是无论是缺点还是优点，那都是我们自己的一部分，我们首先应该接受并欣赏自己。即使在某一方面做不到绝对的完美，那又有什么关系呢？这根本没有必要成为一个生气的理由，否则除了生气，我们就没有别的时间和精力来做其他的事情了。

内心不服气，让你总是焦虑难安

日常生活中，如果我们仔细观察孩子，就会发现他们身上有一个有趣的特点：总是为得不到的玩具或某种东西而生气，尤其是对于自己特别想要的东西。难道这个特点只存在孩子身上吗？当然不是，即使在许多成年人身上，也会显露出这样的特点。一个人若是特别想要某种东西，却突然间得知自己不能得到，一种强烈的失落感便会涌上来，内心也可能会心生愤怒。有时候，即使不是特别希望得到某种东西，但是在同样的条件下，周围的人却得到了，我们也会心生愤怒，这是源于内心的不服气。这样一些不服气的人，他们总是在为得不到而生气。

前不久，销售部的李姐因为财务问题被降职了，所以部门经理的位置空缺了出来。许多人都梦想着坐上这个位置，在整个销售部门，小敏与小叶的呼声最高。大家都知道，小敏与小叶虽然是同窗好友，但是到了同一个部门，同一个岗位，似乎每一次工作都暗中较劲，成了竞争对手。老板也感到很为难，因为两个人都很优秀，他也不知道到底该由谁来担任这个职位。

就在老板感到左右为难之际，小敏推开了办公室的门，她微笑着向老板说："上次那个大客户对我们的方案不是很满意，经过多次协商，他还是要求我们重新拟写一个方案，您看，这该如何是好呢？"听到小敏的工作报告，老板心中有了主意，他马上叫来了小叶，当着两个人的面，老板说道："你们俩都知道上次那个客户吧，当时那个方案是由你们两个人负责的，现在我需要你们俩分别拟写一个方案，客户满意谁的方案，谁就能成为销售部门的经理。”小敏和小叶面面相觑。

一周过去了，小敏和小叶交上了各自拟写的方案。最终，客户更青睐小敏的方案，小敏就成了销售部经理。小叶对此愤愤不平，经常向同事抱怨：“我还不是一样努力，凭什么她就坐上了经理的位置，我还只是个小职员呢？”每天小叶除了抱怨还是抱怨，工作积极性也不如以前，老板对她很有意见，没过多久小叶就主动辞职了。

人是欲望感十分强烈的群体，看到别人获得了某样东西，自己也会感觉心痒痒，总是感到不服气：为什么我就得不到呢？于是他们开始生气、愤怒、自怨自艾，情绪陷入消极状态。事实上，如果自己真的很想得到某种东西，我们就应该积极地去争取，去争取才有机会获得，否则我们除了生气，什么也得不到。

老李夫妇在街边支起一个小摊，老李妻子大声叫卖着烙饼，老李欢快地翻动着香喷喷的大饼。虽然他们一家三口只是挤在三十平方米的小房子里，看着邻居住大别墅，开小轿车，老李从来没有半点怨气，却心存感激：只要我每天能够闻到烙饼的香味，这就足够了。老李夫妇一天可以挣几十块钱，如果一天挣的超出了一百块钱，晚餐就可以买点新鲜肉来吃了。儿子在镇上一所普通中学读书，他的成绩每次都名列第一。对老李夫妇来说，儿子就是他们最大的骄傲，所以他们每天都哼着小曲等着儿子放学了一起收摊。

老李还有个爱好，那就是每五天买一次彩票，以前他不知道买彩票能中奖，他偶然知道了这件事以后，便养成了买彩票的习惯。妻子取笑他财迷心窍，可老李每次都乐呵呵的，不说话。其实，买彩票只是老李对幸福生活的憧憬。人们都说彩票中奖是天上掉馅饼的事情，可这样的好事真的被老李捡到了。老李中奖了，一等奖一百万元。老李看着满脸皱纹的妻子，嘴里嘟囔着，说不出话来。晚上，全家人坐在一起，拿着那张小小的彩票激动不已，妻子连晚饭都忘记做了。老李提议，全家人一起去隔壁餐馆吃，儿子叫好，妻子笑着点头。

第二天，老李拿着彩票去兑奖了，摸着鼓鼓的腰包，他都不知道说什么好。全家人决定，把钱全部存银行，留着以后儿子上大学、出国用。老李夫妇还是在街边做小摊生意，笑容似乎都没有变过，街坊邻居纷纷议论："老李家根本没有中奖""是啊，要是中奖了，还会再卖烙饼吗""嗯，早搬到县城去了，哎，可怜的老李家"……偶尔有人问老李，你真的中奖了吗？老李既不否认也不承认，只是乐呵呵的。

中奖，住别墅，开轿车，这是多少人梦想中的事情啊，但这对老李一家人来说，远远比不上一家人能够安安乐乐地吃一顿饭，一起感受简单而淳朴的幸福。

情绪启示

有时候，面对人生中的一些遭遇，我们要学会放下心中的自怨自艾，以积极乐观的心态来面对每一天的生活，不要为一些不值得的事情而生气。

1.消减自己的欲望

我们需要有效地消减内心的欲望，不要总是什么东西都梦想着得到，正所谓“得之我幸，失之我命”，获得是一种幸运，我们应该为此感激；失去是一种宿命，我们也不应该怨天尤人。拥有这样的心态，我们才能够坦然面对生活中的每一天。

2.坦然面对生活中的得与失

得到与失去就如同一对孪生兄弟，有时候我们真的没有必要去埋怨、去计较得失。只要我们能常怀一颗乐观豁达的心，微笑着面对人生，这就足够了。不要总是不服气，试想，即使自己得到了全世界又能怎么样呢?

焦虑，常常让你受尽折磨

成功大师卡耐基有时会回忆：“多年前的一个夜晚，邻居匆忙来按我家门铃，让我们一家去种牛痘以预防天花。惊恐的人们排着长队，两千多名医生、护士在多个接种站夜以继日地工作，这一切都是因为纽约有8人染上天花，其中死亡两人——800万纽约市民仅仅死亡两人。”这时，卡耐基发出这样的感叹：“我在纽约市居住了37年之久，可从没有人上门提醒我，要预防‘精神上的忧郁症’。在过往的37年中，这种病症对人的伤害，远胜天花万倍。”其实，卡耐基这里所指的“精神上的忧郁症”，其实就是负面情绪的一种。

吉姆是一位年轻的汽车销售经理，但他的内心却非常绝望，意志消沉，他觉得自己要死了。甚至开始为自己挑选墓地，为自己的葬礼做好了一切准备工作。其实吉姆的身体只是出了一点小问题，有时候会呼吸急促，心跳很快，喉咙梗塞，医生规劝：“你只需要坦然面对生活，放松休息一段时间就行了。”

吉姆在家里休息了一段时间，但是他还是焦虑和恐惧，呼吸变得更加急促，心也跳得更快，喉咙依然梗塞。一周过去了，他甚至感觉死神快要降临了。朋友告诉吉姆：“赶快打消你的猜疑！如果你到明尼苏达州罗切斯特市的梅欧兄弟诊所，你就可以彻底地弄清病情，而不会失去什么，赶快，立即行动。”吉姆听从了朋友的建议，他来到了罗切斯特，实际上吉姆还一直担心自己会在路途中突然死亡。

在梅欧诊所，医生给吉姆做了全面检查，医生告诉吉姆：“你的症结是吸进了过多的氧气。”吉姆先是一愣，然后大笑了起来：“那真是太愚蠢了，我该怎样面对这种情况呢？”医生说：“当你感觉呼吸困难、心跳加速的时候，你可以向一个袋子呼气，或者暂时屏住呼吸。”医生递给吉姆一个纸袋，吉姆照办了，结果他发现自己的心跳和呼吸都变得很正常，喉咙也不再梗塞了。当他离开诊所的时候，他已经变得容光焕发。原来，这一切的症结都是因为内心的焦虑和恐惧。

长期的焦虑和恐惧会让我们相信，某个想象中的事情会变成现实，然而就是在这样的消极心理中，那些预感中会发生的事情就有可能真的发生了，到最后我们的焦虑和恐惧越来越严重，影响我们的身体健康。

情绪启示

相比较负面情绪而言，积极的心态会给人向上的信心和希望，鼓舞人们不断地追求幸福生活。现代社会是一辆疾驰的列车，它更需要能量的驱动，负面情绪就好像劣质的汽油，会对列车造成损害，甚至引发故障而抛锚。因此我们只有保持良好的心态，才能产生更多的正能量，列车才能安全地驶向远方。不过，在消灭负面情绪，调整好心态之前，我们还需要了解为什么那么多人会遭受负能量的折磨。

1.沉浸于负面情绪会上瘾

当一个人总是沉浸在负面情绪中，时间长了是会上瘾的。

比如，失恋的女孩子总会想办法去打探前男友的消息，总也控制不住自己，一旦有渠道可以打听到前男友的消息，她就兴奋，听到消息之后，她或悲伤或高兴，但更多的是把她带到过去痛苦的感情世界里，结果她越是强迫自己忘记，越是深陷其中。

2.人总是可怜地想破罐子破摔

一旦一个人被负面情绪所困扰，体内全是负能量在冲撞，那他就已经开始放弃自己了。不管怎么样，我们永远需要认清一个事实，那就是在这个世界上，没有谁可以打败自己，除了你自己。假如你总是画地为牢，将自己牢牢设限在某个位置，破罐子破摔，那你永远走不出来。

不去比较，欣赏独一无二的自己

在这个世界上，每个人都是独一无二的，你可能就是那一颗等待发现的金子。然而，在现实生活中，一些人总是处处与他人比较，觉得自己不如别人优秀，似乎这辈子自己就真的一事无成了。事实上，对我们每一个人来说，命运都是公平的，每个人都有自己的价值，这是不容怀疑的，我们所需要做的就是欣赏自己，认清自己的价值。

过分与他人比较带给我们的只是失落、沮丧、烦恼、生气，更为关键的是，比较之后，我们会变得不自信，开始怀疑自己的能力，甚至会变得自暴自弃。所以，不要处处比较，为自己平添烦恼，其实，我们每一个人都是独一无二的“宝藏”。

约翰上中学的时候，由于平时学习不积极，成绩很差，每次考试都是倒数第一。面对这样的约翰，老师说：“你已经无药可救了。”身边的同学也看不起他，约翰感到十分沮丧，他觉得自己这辈子也不会有什么出息了。

有一天，老师在班里兴奋地宣布，将有一位著名的学者到班里做实验。约翰心想，这和我有什么关系呢？不过，约翰从同学那里了解到，这位学者是研究心理学的，据说他有一台神奇的仪器，能预测出未来谁会获得成功。约翰有点生气，心想：这和我更没有关系，我成绩这么差，未来怎么可能获得成功，成功只属于那些成绩好的同学。想着，约翰干脆出门玩去了。

著名学者终于来了，老师点了5个同学的名字，其中包括约翰。约翰感到十分紧张：难道自己又要受批评？来到了办公室，那位著名的学者讲话了：“孩子们，我仔细研究了你们的档案、家庭以及现在的学习情况，我认为你们5个人将来会成大器的，好好努力吧。”约翰感到一阵震惊，以为自己听错了，可是看着在场人的表情，约翰只好相信这是真的。原来自己与那些成绩优秀的人是一样的，约翰的成绩很快就得到了提升，再也没有人说他无药可救了。

本来，由于约翰自己学习不积极，成绩很糟糕，而且老师和同学都看不起自己，约翰感觉到自己一无是处。或许，在平常的学习生活中，约翰常常与那些所谓的尖子生比较，结果越比较越泄气，内心的怨气让他开始“破罐子破摔”。所以，当老师宣布著名的学者将要来的时候，约翰自然而然地将自己划分为“失败者”这一行列，这样的结论正是在长期的比较中得出来的。没想到，著名学者巧妙的暗示却成了约翰走向成功之路的助推器。通过学者的话语，约翰明白了，原来自己才是独一无二的人才。对此，约翰的内心受到了鼓舞，不再泄气，不再抱怨，不再比较，他开始朝着成功的方向前进。

一位学者感觉到自己的日子已经不多了，他想考验和点化一下自己那位看起来很不错的助手。于是，他把助手叫到床前说：“我需要一位最优秀的传承者，他不但要有相当的智慧，还必须有充分的信心和非凡的勇气……这样的人直到目前我还没有见到，你帮我寻找和发掘出一位，好吗？”助手坚定地回答说：“好的，好的，我一定竭尽全力去寻找，不辜负您的栽培和信任。”

于是这位助手就开始想尽一切办法来为老师寻找继承人，然而他每次领来的人都被学者婉言谢绝了。有一次，已经病入膏肓的学者挣扎着坐起来，拍着助手的肩膀说：“真是辛苦你了，不过你找来的那些人，其实还不如你……”半年之后，眼看学者就要告别人世，但最优秀的人还是没有找到，助手十分惭愧，泪流满面地对学者说：“我真对不起您，令您失望了！”学者叹息着说道：“失望的是我，对不起的却是你自己……本来最优秀的人就是你自己，只是你不敢相信自己，总是与他人相比较，才把自己给忽略、耽误、丢失了……其实，每个人都是优秀的，差别就在于如何认识自己、如何挖掘和重用自己……”话还没有说完，学者就永远离开了这个世界，而那位助手一辈子都活在了深深的自责之中，他认为自己辜负了学者的希望。

爱默生曾说：“你，正如你所思。”每个人都梦想着成为最优秀的那一个，事实上我们真的可以成为那样的人。没有谁能否定你能成功，既然没有办法否定这一事实，为什么不试一试呢？

情绪启示

比较的根源是不自信，因为不自信，所以才想通过比较来找回自信，可是大多数人在比较中不仅没能找回自信，反而变得更加自卑。甚至在比较的过程中，当他们意识自己远远不如别人的那一刹那，他们的心中是充满怨气和愤怒的，最后他们只能成为庸庸碌碌的人。

1.垃圾是被放错位置的财宝

科南特说："垃圾是放错了位置的财宝。"对哈佛大学来说，重要的不是出了7位总统和30多位诺贝尔奖获得者，而是让进哈佛的每一颗金子都发光。智者与庸者的差别在于，智者从来不与他人比较，他们相信自己就是永远的独一无二；而庸者总是沉迷于比较游戏中，他们在比较中丢失自我，满腹怨气，最后成了平庸的人。

2.每个人都是独一无二的

如果在你的生活中，总是习惯与别人比较，不敢相信自己，你就会逐渐忽略自己、迷失自己，陷入长久的烦恼和抱怨。上帝告诉我们：每一个人都是一座宝藏，在我们的内心有着无限的潜力和能力，不要去比较，通过不懈地努力来挖掘自己的宝藏，其实你就是独一无二的那一位。

你无须讨好任何人

心理学家认为：一个人若是遵从内心的感受，选择自己喜欢的生活方式，他是感觉不到累的。那么，我们所感觉到的累是怎么回事呢？大多数人都有这样的经历：上学的时候，父母总是指着邻居家的孩子说："瞧瞧人家，成绩多优秀，你得向他看齐。"大学毕业了，父母长辈都说："还是当个老师，或者考考公务员，这才是铁碗饭，其他的都不是什么正当的工作。”工作的时候，上司总是告诉你这样不对，那样不对。我们生活的最初点，似乎都是在讨好所有的人，却从来没有讨好过自己。事实上，我们要懂得这样一个道理：你不需要讨好所有的人，只有自己喜欢才是最重要的。

小资是一名歌手，以前她也有过抱怨的时候。每次上节目，她都会抱怨：“自己太辛苦，实在受不了压力太大的生活，有时候为了讨好歌迷、媒体，我一年发行两张专辑，但是自己又想把工作做得更好，这样的工作量简直令我崩溃。”以前的工作时间安排得很紧，白天上通告做宣传，晚上还要去录音棚完成下一张专辑的录制，这样的生活超出了小资可以承受的范围，每天她都感觉到很累，但是心中的怨气却无处诉说。最后在内心快要崩溃的时候，她选择了退出歌坛，给自己休息的时间。

在四年的休息时间里，小资做自己喜欢的事情，她说：“以前大家都是看我怎么变化，现在我是用自己的脚步来看大家的改变。虽然现在我年纪大了，似乎变得老了一些，但是年龄并不是我能掩盖的东西，我也想永远年轻，但是却懂得这就是时间给我的礼物。在我成长的过程中，我得到最大的一份礼物是不用费劲去证明，只需要跟着自己的步伐做自己喜欢的东西。在以后的时间里，如果我能完全坚持自己的选择，那就是最好的生活。”正是这样一个年龄，是一个不需要讨好任何人的时候。最近小资复出工作了。在工作上，她已经与唱片公司达成了一致意见，不需要拿任何事情炒作新闻，同时不需要为了赢得名气而虚报唱片的数字，自己可以自由自在地唱歌，这是小资最喜欢的一种状态。

她这样告诉媒体：“我不需要讨好所有的人，我只需要做自己喜欢的事情。”然而，就是这样一句话，令所有的媒体工作者既羡慕又嫉妒，因为对媒体工作者来说，他们的工作就是在讨好所有的人。每天都有许多人为了人际交往，为了生存而讨好他人，这会让他们感到很累，甚至感觉到心力透支。到底是为了什么，我们需要尽力讨好身边所有的人呢?

王娜是同事们公认的“好人缘”，或者说，她是一个从来不唱反调的人，在任何时候，她的观点都与大家一样。在办公室里，一个东西，只要是同事们都说“这个东西真的很好”，她就会随声附和“真的很好啊”；一件衣服，同事们都说漂亮，她也会表示同意“颜色十分均匀，款式也很新颖”；一份策划案，大家都说不错，她也会承认“设计比较独特，很不错”。于是只要王娜在办公室，大家都喜欢问她的意见，虽然从来都知道她不会说一句反驳的话，但是大家似乎成了一种习惯，凡事都希望王娜能够说两句好听的话。这可给王娜带来了许多烦恼，每天为了应付那些同事，总说“好啊，这个好”“不错，不错”，即使心里面觉得这个东西真的不怎么样，但是为了赢得一个好人缘，以免得罪同事，王娜还是满脸笑容说：“我觉得很不错。”

可是每天回到了家里，王娜就开始连连抱怨了：“真累！搞不懂那些同事是什么欣赏眼光啊，明明那个东西没有什么用，偏偏宝贝得不得了；一件过了季的衣服，还说漂亮；策划案完全是抄袭网上的，大家都称赞得不行。为了应付他们，每天真的好累！”同居的好友张莉笑着说：“既然累，为什么不做回自己，说自己喜欢的话，做自己喜欢的事情，干吗搞得自己这么累，我就从来不说违心话，得罪了别人又怎么样？我还是照样工作。”王娜叹息着：“唉……”

同样地，一个公认的“好人缘”也有一肚子苦水需要倒：“每天，我觉得我都不是为自己在生活，而是为别人在活，为了讨好他们，我把自己喜欢的一切都放弃了，最后他们还是不满意。白天戴着微笑的面具，晚上回到家，没有人愿意分担我的烦恼。我感觉到内心有股气，它在不断地积累、膨胀，我害怕有一天自己会崩溃。”在日常交际中，与他人建立良好融洽的关系是极其重要的，但是并不需要以放弃自己的喜好为代价，我们并不需要讨好所有的人，有时候保持自己的个性，往往会令我们有意外的收获。

情绪启示

在日常生活中，我们都会羡慕那种所谓的“好人缘”，似乎每个人跟他都能聊到一块去，似乎他所说的每一句话，所做的每一件事，都是按照大家的心思而来的，他没有理由不受到大家的喜欢。

1.讨好别人，会迷失自己的生活

在公司，上司说这个方案不行，他一句话不说，马上改成了上司喜欢的方案；挑剔的同事说，你今天的打扮好像不太和谐，第二天，他就真的换了一套装扮；在家里，爸爸妈妈说，你新交的男朋友没有固定的工作，她就真的决定与男朋友分手，重新找了一个能让父母觉得满意的男朋友。在这个过程中我们会发现，自己不过是在讨好身边的人而已，我们逐渐失去了自己的生活。

2.做别人眼中的自己会增加压力

有人抱怨：“每天活得好累，好像一刻都没有轻松过。”现代社会，越来越多的人开始抱怨自己“活”得很累，不是工作累，吃饭累，睡觉累，而是“活得”太累。难道每天的生活真的那么累吗？如果我们只是在做自己，怎么会感觉到累呢？

内心消极悲观，会加重焦虑情绪

悲观是一种比较普遍的情绪，面对生活中诸多的不如意，每个人都有可能会产生悲观，然而许多人尚未意识到悲观的危害性。有的人甚至认为，悲观也没有什么大不了的，又不是抑郁症。可是据心理学家观察，长时间的悲观心境，会让一个人感到失望，整个人变得死气沉沉。所以我们应远离悲观的心境，调整自己的情绪，走出悲观的阴霾，做一个乐观积极的人。

有两位年轻人到同一家公司求职，经理把第一个求职者叫到办公室，问道："你觉得你原来的公司怎么样？"求职者脸色满是阴郁，漫不经心地回答说："唉，那里糟透了，同事们尔虞我诈，钩心斗角，我们部门的经理十分蛮横，总是欺压我们，整个公司都显得死气沉沉，我在那里感到十分的压抑，所以想换个理想的地方。"经理微笑着说："我们这里恐怕不是你理想的乐土。"于是那位满面愁容的年轻人走了出去。

第二个求职者被问了同样的问题，他却笑着回答："我们那里挺好的，同事们待人很热情，互相帮助，经理也平易近人，关心我们，整个公司气氛十分融洽，我在那里生活得十分愉快。如果不是想发挥我的特长，我还真不想离开那里。"经理微笑着说："恭喜你，你被录取了。"

前者是悲观者，在他的生活中天空始终笼罩着乌云，因此他看什么人和事都是阴郁的，即使是一份美好的生活摆在他面前，他也会认为"糟糕透了"；后者是典型的乐观者，阳光始终照射着他的生活，即使是再糟糕的生活在他看来，也是十分美好的。悲观者看不到未来和希望，所以他面临了求职的失败，或许，在人生的道路上，还有更多的失败在等着他，除非他能够换一种心境。

有两个人，一个叫乐观，一个叫悲观，两人一起洗手。刚开始的时候，端来了一盆清水，两个人都洗了手，但洗过之后水还是干净的，悲观说："水还是这么干净，怎么手上的脏物都洗不掉啊？"乐观却说："水还是这么干净，原来我手一点都不脏啊！"几天过去了，两个人又一起洗手，洗完了发现盆里的清水变脏了，悲观说："水变得这么脏啊，我的手怎么也这么脏？"乐观却说："水变得这么脏啊，瞧，我把手上的脏东西全部洗掉了！"同样的结果，不同的心态就会有不同的感受。

拥有悲观心境的人，他们只是一味地抱怨，他们看到的总是事情的阴暗面，哪怕是到了春天，他们所能看到的依然是折断了的残枝，或者是墙角的垃圾；拥有乐观心境的人，他们懂得感恩，在他们的眼里到处都是春天。悲观的心境，只会让自己死气沉沉；乐观的心态，会让自己感受到快乐的阳光。

情绪启示

里根在小时候是一个乐观的孩子。有一次，里根的父母发现里根正兴奋地用一把铲子清理着一间堆满马粪的小屋，看到爸爸妈妈来了，里根高兴地叫道："爸爸，这里有这么多马粪，附近一定会有一匹漂亮的小马，我要把这些马粪清理干净，一会儿小马就来了。"

1.你也能成功战胜抑郁情绪

可能，谁也没有想到过，美国最著名的总统之一——林肯竟然曾是抑郁症患者。林肯在患抑郁症期间曾说过这样一段令人心痛的话："现在我成了世界上最可怜的人，如果我个人的感觉能平均分配到世界上每个家庭中，那么这个世界将不再会有一张笑脸，我不知道自己能否好起来，我现在这样真是很无奈，对我来说，或者死去，或者好起来，别无他路。"幸运的是，最后林肯战胜了抑郁症，成功地当选了美国总统。

2.悲观心境是成功路上的绊脚石

悲观给我们生活所造成的影响是巨大的，一个有着悲观心境的人，无论是生活还是工作，都很难获得成功。甚至悲观的心境还会有意或无意地成为其成功路上的绊脚石。对每一个人来说，悲观就像是飘拂在天空中的乌云，遮住了生活的阳光，长时间下去，我们自己也会变得死气沉沉。所以我们每个人都应远离悲观，放弃心中的怨气，让阳光照进生活。

参考文献

[1] 思远. 别让坏情绪，毁了你的人生[M]. 北京：现代出版社，2019.

[2] 宋晓东. 情绪掌控，决定你的人生格局[M]. 成都：天地出版社，2018.

[3] 鞠强. 情绪管理心理学[M]. 上海：复旦大学出版社，2020.

[4] 罗纳德，帕特里夏. 制怒心理学[M]. 罗英华，译. 北京：台海出版社，2018.